Wafa ELwakil

La symbiose Rhizobium-Coronilla et valorisation d'un déchet
industriel

Wafa ELwakil

La symbiose Rhizobium-Coronilla et valorisation d'un déchet industriel

Éditions universitaires européennes

Impressum / Mentions légales
Bibliografische Information der Deutschen Nationalbibliothek: Die Deutsche Nationalbibliothek verzeichnet diese Publikation in der Deutschen Nationalbibliografie; detaillierte bibliografische Daten sind im Internet über http://dnb.d-nb.de abrufbar.
Alle in diesem Buch genannten Marken und Produktnamen unterliegen warenzeichen-, marken- oder patentrechtlichem Schutz bzw. sind Warenzeichen oder eingetragene Warenzeichen der jeweiligen Inhaber. Die Wiedergabe von Marken, Produktnamen, Gebrauchsnamen, Handelsnamen, Warenbezeichnungen u.s.w. in diesem Werk berechtigt auch ohne besondere Kennzeichnung nicht zu der Annahme, dass solche Namen im Sinne der Warenzeichen- und Markenschutzgesetzgebung als frei zu betrachten wären und daher von jedermann benutzt werden dürften.

Information bibliographique publiée par la Deutsche Nationalbibliothek: La Deutsche Nationalbibliothek inscrit cette publication à la Deutsche Nationalbibliografie; des données bibliographiques détaillées sont disponibles sur internet à l'adresse http://dnb.d-nb.de.
Toutes marques et noms de produits mentionnés dans ce livre demeurent sous la protection des marques, des marques déposées et des brevets, et sont des marques ou des marques déposées de leurs détenteurs respectifs. L'utilisation des marques, noms de produits, noms communs, noms commerciaux, descriptions de produits, etc, même sans qu'ils soient mentionnés de façon particulière dans ce livre ne signifie en aucune façon que ces noms peuvent être utilisés sans restriction à l'égard de la législation pour la protection des marques et des marques déposées et pourraient donc être utilisés par quiconque.

Coverbild / Photo de couverture: www.ingimage.com

Verlag / Editeur:
Éditions universitaires européennes
ist ein Imprint der / est une marque déposée de
OmniScriptum GmbH & Co. KG
Heinrich-Böcking-Str. 6-8, 66121 Saarbrücken, Deutschland / Allemagne
Email: info@editions-ue.com

Herstellung: siehe letzte Seite /
Impression: voir la dernière page
ISBN: 978-613-1-54191-9

Dédicace

A la mémoire de ma chère mère

Qui m'a sculpté, depuis mon enfance, le goût du savoir dans mon esprit.

Que dieux la place à un rang élevé, parmi ceux qui ont été guidés.

A mon Père,

Celui qui m'a indiqué la bonne voie en me rappelant que quand il y a la soif d'apprendre, tout vient à point à qui sait attendre.

A ma belle-mère

Pour son amour et son encouragement tout le long de mes études.

A mes douces sœurs et mon chère frère présents dans tous mes

Moments d'examens par leur soutien moral.

A tous mes amis, avec lesquels j'ai vécu les plus beaux moments de ma vie

Que Dieu vous garde.

Remerciements

Au terme de ce travail, je tiens tout d'abord à remercier

les membres du jury qui m'ont fait l'honneur d'accepter de lire et de juger ce travail. En tout premier lieu, je tiens à exprimer ma profonde gratitude à *Mme BEN REJEB Ichrak*

Je remercie vivement mes chers encadreurs *Mme Trabelsi Darine* et *Mr Hammami Omran* pour leur encadrement, soutien sans failles et disponibilité.

Leurs conseils, commentaires, et corrections ont été très précieux pour mener à bien ce travail.

Qu'ils trouvent, ici, le témoignage de ma profonde gratitude et de ma haute considération.

J'adresse également mes remerciements à tous les personnels techniques et les collègues au sein du labo Légumineuses de CBBC *à Saber, Faten, Jmaila, Mme Fatma et Monia, Saif, Amal, Karima, Rakia, Souhir, Manel, Marwa, Nizar et Omar.* De grands merci à *Fathi, Améni et Ala* et pour mes amies *Souhir, Mariem, Thouraya, Nessrine et Imen* qui ont facilité le déroulement de ce travail par leur coopération.

Je suis également très reconnaissante à tous les professeurs qui ont contribué à ma formation, qu'ils retrouvent ici toute ma reconnaissance.

Enfin, je remercie tous ceux qui ont contribué de près ou de loin à l'élaboration de ce travail.

Liste des tableaux

Liste des figures

Sommaire

Liste des abréviations

ADN: Acide désoxyribonucléique

AIA: Acide indole acétique

BET : Bromure d'éthidium

BSA: Bovine Serum Albumin

CAS: Chrome Azurol S

CTAB: cétyltriméthylammonium bromure

dNTP : Désoxyribonucléotide triphosphate

DO: Densité Optique

EDTA : éthylènediamine tétracétate

$HgCl_2$: Chlorure de mercure

Kb : Kilobases

MPN: Most Probable Number

MSA: matière Sèche Aérienne

MSP: Milieu Sous Produit

MSR: Matière Sèche Racinaire

NaCl: Chlorure de sodium

NBRIP : National Botanical Research Institute's Phosphate growth medium

Pb: Paire de bases

PCR : Polymerase chaine reaction

PEG : Poly Ethylène Glycol

PGPR: plant growth promoting rhizomicroorganisms

SDS: dodécyl sulfate de sodium

TE : tris-EDTA

UFC: Unité Formant Colonies

UFC: Unité Formant Colonies

UPGMA: unweighted pair group method with arithmetic mean

YEM: Yeast Extract Mannitol

YEMA-RC: Yeast Extract Mannitol Rouge Congo

Avant propos

Dans de nombreux pays, les plantes de la famille des légumineuses occupent une importance écologique ainsi qu'économique. Elles constituent une source d'alimentation humaine et fourragère. Un meilleur rendement et une production optimale de protéines végétales nécessite l'apport d'azote. L'apport des engrais azotés est largement employé pour une exploitation agricole intense.

Etant donné que ces éléments de fertilisation sont le produit d'une transformation industrielle qui recrute beaucoup d'énergie et donc un coût élevé, de plus, l'atmosphère contient environ 10^5 tonnes de gaz N_2 et le cycle de l'azote implique la transformation de 3 $\times 10^9$ tonnes de N_2 par an à l'échelle mondiale (Zahran, 1999) ce qui met en valeur l'importance et l'exigence du nitrogène au présent et à l'avenir ainsi que les technologies employées et l'inefficacité des méthodes dans la production des engrais chimiques limitent la progression de l'agriculture dans les pays non producteurs.

Depuis plus de 100 années, la fixation biologique d'azote a attiré l'attention des scientifiques et plusieurs recherches dans ce secteur ont été effectuées pour mieux comprendre et exploiter un système biologique dans la fixation du nitrogène. Ce processus présente des avantages économique et écologique menant à un rendement biologique optimal sans recours aux engrais chimiques qui sont polluants et néfastes pour la santé humaine.

Le moteur du système de fixation biologique d'azote atmosphérique est la symbiose entre deux partenaires vivants : un procaryote et un eucaryote qui sont « les rhizobiums », pouvant fixer de 40 à 350 kg/ha d'azote par saison de croissance (Quispel, 1974) par le biais des nodules formées sur les racines de leur plante hôte « les légumineuses ». La symbiose mène à un rendement élevé des légumineuses sans recours aux engrais chimiques.

De nombreux travaux d'inoculation des légumineuses avec des souches de rhizobium ont été effectués sur le champ ou dans la serre pour améliorer la production végétale. L'étape limitant cette opération est le coût élevé des milieux de culture synthétique pour la croissance des rhizobiums d'où le besoin d'inventer un inoculum biologique de faible coût et de bonne qualité assurant ainsi la croissance et la conservation des souches rhizobiènnes.

Des tentatives d'exploiter les déchets industriels comme milieu de culture pour les rhizobiums ont été signalées par plusieurs chercheurs comme les sous-produits agroalimentaire ou les boues des stations d'épuration (Ben Rebah, 2001). L'intérêt d'utiliser les déchets industriels était de produire des bio-inoculants économiques d'une part et de minimiser la pollution environnementale d'autre part.

Le présent travail comprend deux parties dont la première consiste à caractériser phénotypiquement les isolats de la légumineuse *Coronilla scorpoïdes* afin de sélectionner les souches efficientes de caractères « Plant Growth Promoting Rhizobia » (PGPR) servant à l'inoculation. La deuxième partie sert à utiliser un déchet industriel agroalimentaire d'une part comme un milieu de culture bactérien avec un faible coût et d'autre part comme un support d'inoculum de rhizobium assurant leur conservation dont l'avantage est d'améliorer leur niveau de compétition avec les rhizobiums indigènes ainsi que leur persistance dans le sol.

Etude bibliographique

Partie A : Etude de la diversité des microsymbiotes

A.I. Les légumineuses

Les légumineuses ou fabacées constituent l'un des groupes des végétaux supérieurs les plus abondants et les plus diversifiés. Connu par leur fleur de rare structure et leurs fruits en gousse, les plantes de cette famille ont la capacité d'établir des symbioses fixatrices d'azote atmosphérique avec des bactéries du sol et il a été démontré que 88% des espèces étudiées des légumineuses ont la capacité de noduler en présence des microsymbiotes (Graham et Vance, 2003 ; Frédéric, 2004).

Les fabacées sont des angiospermes qui appartiennent à la famille des Leguminosae (ou Fabaceae), de l'ordre des Fabales regroupant environ 700 genres et 20000 espèces, elles sont subdivisées en trois sous-familles : les Papilionacées qui se présentent dans le monde entier, les Mimosacées et les Césalpiniacées. Ces dernières sont constituées principalement d'espèces ligneuses de régions tropicales ou sub-tropicales. (Frédéric, 2004). Elles sont considérées comme étant la troisième plus grande famille de plantes à fleurs, après les orchidées (Orchidaceae) et les asters (Asteraceae) (Doyle et Luckow, 2003) et ont des importances pour l'homme après les Poacées (Peter *et coll*, 2003).

En Tunisie, quelques groupes de légumineuses ont un rôle important tant au niveau économique qu'au niveau écologique. Elles constituent une source d'alimentation humaine (légumineuses à graines, pois chiche, haricot, lentille ...) et fourrage pour les animaux (luzernes, trèfles, sulla...) ainsi que l'enrichissement et le maintien du sol, concernant les légumineuses à graines ; la fève est la plus cultivée et a occupé 50 à 80% des terres cultivées des légumineuses à graines (Aouani, 1990).

Malgré l'énorme utilisation alimentaire et fourragère des légumineuses, certaines d'entre elles peuvent être employées sous forme de farine dans la formulation du pain, chips, pâtes à tartiner ou sous forme liquide pour la production du lait, yaourt et formule infantile. D'autres ont un intérêt industriel dans la préparation des plastiques biodégradables, des huiles, des colorants et des encres ainsi que dans l'épaississement des textiles et du papier.

Concernant la médecine traditionnelle, l'utilisation de certaines légumineuses a montré la réduction de risque de cancer ainsi que le soja contient les phytoestrogènes alimentaires peuvent être employé comme thérapie de substitution d'hormone pour les femmes post-ménopausées (Peter *et coll* (2003)).

A.II. *Coronilla scorpoïdes*

Nom scientifique :

✓ *Coronilla scorpioïdes (L.) Koch*

Synonyme (s) du nom scientifique :

✓ *Ornithopus scorpioides L.,*
✓ *Scorpioides matthioli Dode,*
✓ *Ornithopodium scorpioides Allioni,*
✓ *Artholobium scorpioides De Candolle*

C.scorpoïdes, connu par le nom commun « Coronille à queue de scorpion », « Coronille scorpioïde », « Coronille faux scorpion », a un grand intérêt dans le développement de pâturages depuis plus de 20 ans mais elle n'était pas bien documentée ni utilisée comme culture agricole (Zoghlami et Zouaghi, 2003 ; Zoghlami *et coll,* 2011). Ses graines sont pourvues de tégument rigide ce qui nécessite une scarification mécanique ou l'emploi d'un acide fort afin de faciliter la germination.

Figure 1: *Coronilla scorpioides (L.) W.D.J.Koch* (Site 1)

Selon la description de Coste (Site 1), *C. scorpoïdes* a une morphologie linéaire glabre et glauque de 10 à 40 cm d'hauteur à racine pivotante. Elle est caractérisée par sa tige herbacée portant des feuilles inférieures simples spatulées trifoliées à folioles très inégales (Figure 1), la terminale bien plus grande et ovale, les latérales petites, arrondies en rein et sessiles. Et toutes les petites fleurs jaunes sont groupées par deux à quatre, portées par un pédoncule commun qui a environ la longueur de la feuille correspondante ainsi que les gousses sont disposées horizontalement arquées et noueuses.

C. scorpoïdes est une légumineuse dicotylédone annuelle largement distribuée en Tunisie et autre pays, comme il est indiqué dans la figure 2 elle est répartie essentiellement à Siliana, kairouan et Kasserine (Zoghlami et Zouaghi, 2003).

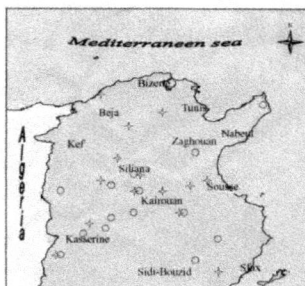

Figure 2: Distribution de sites de *Coronilla scorpoïdes* ◯ (Zoghlami et Zouaghi, 2003)

A.III. La fixation biologique de l'azote

A.III.1. Généralité

L'azote est l'un des éléments nutritifs majeurs utilisés par les plantes. Il est considéré comme un facteur limitant majeur de la production agricole, il stimule le développement et l'activité racinaire, favorisant ainsi l'absorption des autres éléments minéraux et la croissance des plantes.

L'azote moléculaire (N_2) est une molécule très stable. Les plantes absorbent l'azote sous forme de nitrates et d'ammonium. Seuls les organismes appartenant au groupe des procaryotes sont capables de le réduire sous une forme combinée assimilable. Ces organismes sont soit libres, soit symbiotiques.

3

A.III. 2. Les bactéries fixatrices de l'azote atmosphérique

A.III. 2.1. Description générale

Les rhizobiums sont reconnus comme étant des bactéries fixatrices d'azote, à gram négative, aérobies et présentes soit à l'état libre en général dans le sol, soit en association avec des légumineuses. Ils appartiennent à la sous classe Alpha- protéobactéries de la grande classe des Eubactéries (Maidak *et coll*, 1994).

Les bactéries de la famille des *Rhizobiaceae* sont des α-protéobactéries comprenant les genres *Rhizobium, Mesorhizobium, Sinorhizobium, Bradyrhizobium et Azorhizobium*. Ces bactéries ont la capacité d'interagir avec les plantes de la famille des légumineuses, elle-même divisée en trois sous-familles : Papilionoideae, Caesalpinioideae et Mimosoideae. La symbiose entre légumineuses et *Rhizobium* est dans la plupart des cas très spécifique.

En effet, une espèce de *Rhizobium* n'infecte généralement qu'un nombre limité d'espèces de légumineuses et inversement. Par exemple, *Sinorhizobium meliloti* ne peut infecter efficacement que les plantes des genres *Medicago, Trigonella et Melilotus*. Cependant le degré de spécificité varie largement (Denarié *et coll*, 1992).

Allant de la quasi-exclusivité, comme dans le cas de l'association entre *Azorhizobium caulinodans / Sesbania rostrata*, à un spectre d'hôte beaucoup plus large, comme c'est le cas pour la souche de *Sinorhizobium NGR234* qui est capable de noduler plus de 112 espèces de légumineuses tropicales ainsi que la non-légumineuse *Parapsonia andersonii* (Pueppke et Broughton, 1999).

A.III. 2.2. Classification des rhizobiums

Cinquante neuf espèces de rhizobium réparties en douze genres et appartenant aux sous-classes alpha (10 genres) et beta (2 genres) des Protéobactéries ont été identifiées depuis 2006 (Noel,2009). Ces espèces se répartissent également en quatre familles *Hyphomicrobiaceae, Phyllobacteriaceae, Rhizobiaceae, Rhizobiaceae* et deux ordres, à savoir les Rhizobiales et les Burkholderiales (Tableau I).

Tableau I: Taxonomie des rhizobiums (Velazquez *et coll*, 2010)

Espèces	Plante hôte	Référence
Famille Rhizobiaceae, genre		García-Fraile *et coll*, 2007
Rhizobium :	*Medicago*	Segovia *et coll*, 1993
R. cellulosilyticum	*Phaseolus*	Tian *et coll*, 2008
R. etli	*Vicia*	Amarger *et coll*, 1997
R. fabae	*Phaseolus*	Amarger *et coll*, 1997
R. gallicum	*Phaseolus*	Chen *et coll*, 1997
R. giardinii	*Desmodium*	Wang *et coll*, 1998
R. hainanense	*Sesbania*	Ramırez-Bahena *et coll*, 2008
R. huautlense	*Pisum*	Wei *et coll*, 2003
R. leguminosarum	*Astragalus*	Valverde *et coll*, 2006
R. loessense	*Phaseolus*	Gu *et coll*, 2008
R. lusitanum	*Lespedeza*	van Berkum *et coll*, 1998
R. miluonense	*Medicago*	Ramırez-Bahena *et coll*, 2008
R. mongolense	*Phaseolus*	Ramırez-Bahena *et coll*, 2008
R. phaseoli	*Pisum*	Squartini *et coll*, 2002
R. pisi Pisum	*Hedysarum*	Hou *et coll*, 2009
R. sullae	*Medicago*	Martı´nez-Romero *et coll*, 1991
R. tibeticum	*Phaseolus*	de Lajudie et coll, 1992; Young
R. tropici	*Amphicarpaea*	*et coll*, 2001
R. yanglingense		Tan *et coll*, 2001b
Famille Rhizobiaceae, genre		Nick *et coll*, 1999; Young, 2003
Ensifer		Chen *et coll*, 1988; Scholla et
(Sinorhizobium) :	*Acacia*	Elkan ,1984;
E. arboris	*Glycine*	Jarvis *et coll*, 1992; Young,
E. fredii	*Acacia*	2003
E. kostiense	*Medicago*	Wei *et coll*, 2002 ; Young, 2003
E. meliloti	*Medicago*	de Lajudie *et coll*, 1994 ;
E. medicae	*Acacia*	Young, 2003
E. saheli	*Acacia*	Rome *et coll*, 1996 ; Young,
E. terangae	*Glycine*	2003
E. xinjiangensis		de Lajudie *et coll*, 1994; Young,
		2003
		Chen *et coll* 1988; Young, 2003

Famille Phyllobacteriaceae,		Wang *et coll,* 2007
genre		Wang *et coll,* 1999
Mesorhizobium :	*Albizia*	Nandasena *et coll,* 2009
M. albiziae	*Amorpha*	Guan *et coll,* 2008
M. amorphae	*Biserrula*	Velazquez *et coll,* 2001
M. australicum	*Caragana*	Nour *et coll,* 1994; Jarvis *et*
M. caraganae	*Prosopis*	*coll,* 1997
M. chacoense	*Cicer*	Han *et coll,* 2008
M. ciceri	*Chinese legumes*	Chen *et coll,* 1991; Jarvis *et*
M. gobiense	*Astralagus*	*coll,* 1997
M. huakuii	*Lotus*	Jarvis *et coll,* 1997
M. loti Lotus	*Cicer*	Nour *et coll,* 1995; Jarvis *et*
M. mediterraneum	*Anthyllis*	*coll,* 1997
M. metallidurans	*Biserrula*	Vidal *et coll,* 2009
M. opportunistum	*Acacia*	Nandasena *et coll,* 2009
M. plurifarium	*Astragalus*	de Lajudie *et coll,* 1998
M. septentrionale	*Caragana*	Gao *et coll,* 2004
M. shangrilense	*Chinese legumes*	Lu *et coll,* 2009
M. tarimense	*Astragalus*	Han *et coll,* 2008
M. temperatum	*Sophora*	Gao *et coll,* 2004
M. tianshanense		Chen *et coll,* 1995; Jarvis *et*
		coll, 1997
Famille Hyphomicrobiaceae,		
genre	*Sesbania*	Souza Moreira *et coll,* 2006
Azorhizobium :	*Sesbania*	Dreyfus *et coll,* 1988
A. dobereinereae		
A. caulinodans		

Deux sous groupes ont été distingués selon leur vitesse de croissance (Ben Rebah, 2001):

✓ ceux à croissance lente : les *Bradyrhizobium* du fait qu'ils comportent un flagelle polaire ou subpolaire et le temps de génération est inférieur à 6 heures. Ce groupe comprend *R. leguminosarum, S. meliloti, M loti* et *R. galegae.*

✓ ceux à croissance rapide possédant deux à six flagelles péritriches : les *Rhizobium* et *Sinorhizobium,* temps de génération est supérieur à 6 heures. Ce groupe comprend la plupart des souches appartenant à l'espèce *B. japonicum,* capable de noduler le soja.

A.III. 3. Symbiose *Légumineuse / Rhizobium*

La symbiose *Légumineuse/Rhizobium* est un processus indispensable à la plante pour acquérir l'azote sous forme réduite, mais aussi aux rhizobiums pour obtenir les nutriments nécessaires à leur développement.

Le végétal fournit des matières nutritives à la bactérie, celle-ci capte l'azote de l'air et le transmet à son hôte (Raven *et coll,* 2000).

A.III. 3.1. Historique de la nodulation

La nodulation est considérée comme la première caractéristique de l'association symbiotique qui est strictement contrôlée par des mécanismes d'autorégulation interne de la plante hôte. La présence de nodosités chez les légumineuses est historiquement bien connue, mais leur origine était controversée.

La première observation des micro-organismes ressemblant aux bactéries dans les nodosités de *Lupinus mutabilis* a été signalée en 1866. La formation de nodosités était le résultat d'une infection externe chez les espèces de genres *Lupinus, Phaseolus, Ornithopus, Vicia,* et *Trifolium* (Fitouri, 2011).

En infectant des plants de fève cultivés sur un sol stérile avec des cultures pures de microorganismes provenant des nodosités de *Vicia faba L.* fut la première preuve que les bactéries sont à l'origine de la formation de nodosités (Figueiredo b*et coll,* 2008 ; Lohar *et coll,* 2009).

7

A.III. 3.2. Les étapes de la nodulation

La formation des nodules est le résultat d'un dialogue moléculaire entre le micro symbiote et la plante hôte (Figure 3).

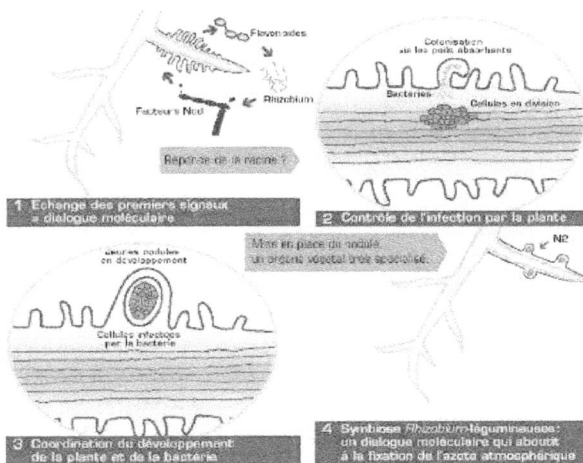

Figure 3: Dialogue moléculaire entre la plante et la bactérie lors de la mise en place d'une association symbiotique fixatrice de l'azote (Fitouri, 2011)

A.III. 3 .2.1. Echange de signal d'infection

Le processus de nodulation commence par un échange de signaux entre la plante hôte et la bactérie. Les racines rejettent par leur métabolisme normal, des substances qui ont des effets attracteurs sur certains microorganismes du sol. La spécificité entre les rhizobiums et les différentes espèces est liée à la sécrétion des flavonoïdes secrétés par la plante hôte qui jouent différents rôles physiologiques, comme l'induction ou même l'inhibition des gènes bactériens de nodulation (Philips *et coll*, 1988). Ceux-ci sont des signaux de nodulation ciblant le programme organogénétique de la plante (Patriarca *et coll*, 2004).

Les bactéries s'attachent aux racines par l'intermédiaire de la rhicadhésine ainsi que d'autres protéines spécifiques localisées à la surface des cellules (Dardanelli *et coll*, 2003 ; Perry *et coll*, 2004). Les facteurs *Nod* émis par les rhizobiums, induisent une dépolarisation de la membrane plasmique accompagnée d'une oscillation du flux de Ca^{2+}.

Cette étape se poursuit par une induction de l'expression de gènes spécifiques (Pelmont, 1995 ; Gage, 2004) et une modification de la croissance polaire des poils absorbants formant une structure dite en « crosse de berger» qui renferme les rhizobiums.

A.III.3.2.2. Développement du nodule et maturation des bactéroïdes

Une fois que les parois des cellules de poils sont digérées, une structure tubulaire appelée le fil d'infection est formée. Elle se compose de cellules de la paroi nouvellement synthétisée qui formeront le matériel entourant le Rhizobium. Le centre du tube est une glycoprotéine contenant quelques produits bactériens et quelques glycoprotéines de la plante hôte (Gage, 2004).

Ces changements majeurs dans la forme des cellules et la croissance dirigée sont causées par des altérations significatives dans le cytosquelette de la plante. La dépolymérisation de l'actine est l'un des effets observés dans les poils absorbants suite à l'exposition au facteur *Nod* (Gage et Margolin, 2000).

Les bactéries prolifèrent à l'intérieur du cordon et vont se libérer dans le cytoplasme des cellules corticales, via ce cordon, provoquant ainsi l'apparition du méristème dont l'activité est à l'origine de la formation du nodule, dans lequel les bacilles se différencient irréversiblement en bactéroïdes ou endophytes (Lindström *et coll,* 2002). Ces dernières, de forme irrégulière, ont un volume supérieur à celui des formes libres. Ils ne se divisent plus et ne synthétisent plus de protéines Nod, par contre les bactéroïdes se concentrent dans la production des nitrogénases indispensables à la fixation de l'azote atmosphérique.

Les bactéroïdes sont séparés du cytoplasme végétal par une membrane spéciale «péri bactéroïdes» ou membrane de séquestration servant de plaque d'échange entre les bactéries et les cellules de la plante hôte. Dans cette membrane les bactéries différenciées forment les bactéroïdes de fixation de l'azote (Pelmont, 1995 ; Corbière, 2002).

Le nodule prend forme avec la multiplication des cellules du cortex. Il se charge de pigments appelés leghémoglobine, synthétisés à l'intérieur du cytoplasme des cellules de la plante (Corbière, 2002).

L'action de la leghémoglobine est de maintenir l'oxygène à faible concentration dans l'environnement de l'enzyme, compatible avec le fonctionnement de la fixation de l'azote (Rasanen, 2002 ; Simms et Taylor, 2002).

Le passage à l'état symbiotique s'accompagne d'une forte répression des gènes du métabolisme basal et d'une surexpression de ceux impliqués dans la fixation et l'assimilation de l'azote. Quelques rares cellules bactériennes quiescentes, de forme bacillaire, sont présentes dans le nodule; ce sont les cellules qui survivront et se multiplieront dans le sol après la mort de la plante. Elles pourront alors infecter les racines des plantes introduites dans le même site (Perry *et coll,* 2004).

A.III. 3.3. Morphologie des nodules

Dans la famille des légumineuses, la morphologie des nodules et le type de nodosité développé est déterminé par la plante hôte (Dart, 1975 ; Newcomb *et coll,* 1979). Deux types majeurs de nodosités sont souvent distingués en se basant sur l'existence ou non du méristème persistant :

- **Nodosités à forme indéterminée :** Où l'activité méristématique se maintient. De nouvelles cellules apicales sont continuellement infectées. Cela résulte en une forme cylindrique de la nodosité. Ces nodosités sont connues chez les légumineuses des zones tempérées (sulla, pois, *Vicia sp.,Medicago sativa L.,* ...).

-**Nodosités à croissance déterminée :** Où l'activité méristématique cesse tôt. Les cellules infectées engendrent d'autres cellules infectées et la nodosité en grandissant par expansion acquiert une forme sphérique. Ce type de nodosité existe seulement chez les légumineuses des zones tropicales telles que le soja et le haricot (Hirsch *et coll,* 2001).

Les deux types de nodosités partagent la même organisation générale se basant sur l'existence d'un tissu central entouré par plusieurs tissus périphériques. Le tissu central contient à la fois les cellules infectées par les rhizobiums et d'autres non. Les tissus périphériques sont formés essentiellement par un cortex interne et un autre externe séparés par l'endoderme nodulaire (Van de Wiel *et coll,* 1990).

Un troisième type intermédiaire a été identifié chez les espèces du genre *Lupinus et Sesbania* (*Sesbania rostrata Brem*). Les divisions cellulaires se font dans le cortex externe ou interne, conduisant à la formation de nodosités déterminées ou indéterminées (Hirsch *et coll,* 2001).

A.III.3.4. Spécificité symbiotique

La spécificité d'hôte est la capacité d'une souche de rhizobium à entrer en symbiose plutôt avec certains genres ou espèces de légumineuses. Dans l'interaction rhizobiums-plante, un haut niveau de spécificité d'hôte a été observé. D'une part, une espèce végétale donnée permet la symbiose seulement avec un nombre limité d'espèces de rhizobiums. D'autre part, une espèce donnée de *Rhizobium* infecte seulement un petit nombre d'espèces végétales (Young et Hukka, 1996).

La spécificité serait contrôlée par les lectines de l'hôte qui reconnaissent certains glucides des capsules bactériennes (Larpent et Larpent, 1985 ; Marie *et coll*, 2001 ; Deakin et Broughton, 2009). Les lipopolysaccahrides (LPS) sont un des composés essentiels de la membrane externe des bactéries à gram négative qui jouent aussi un rôle important dans la spécificité rhizobiums légumineuses (Jones *et coll*, 2007).

Les associations entre la légumineuse et le *Rhizobium* sont généralement sélectives. Par exemple, *Sinorhizobium meliloti* peut s'associer efficacement avec les genres Medicago, Melilotus et Trigonella, alors que *Bradyrhizobium japonicum* est spécifique à *Glycine max L.*

Cette spécificité symbiotique est en relation avec la composition des exsudats racinaires qui est intimement liée à l'espèce, rendant la rhizosphère plus spécifique et favorable à ses partenaires symbiotiques.

A.III. 3.5. Facteurs influençant la fixation symbiotique

Plusieurs facteurs tels que la composition physico-chimique du sol peuvent interférer avec les processus d'infection ou de nodulation, ou encore influencer l'activité fixatrice de l'azote après la symbiose (Taq *et coll*, 2004 ; Collavino *et coll*, 2005 ; Kinkema et *coll*, 2006).

A.III. 3.5.1. Le pH du sol

Les pH extrêmes affectent les deux partenaires symbiotiques. La majorité des légumineuses nécessitent des pH neutres ou légèrement acides pour établir une symbiose efficiente dans le sol (Bordeleau et Prévost, 1994).

L'acidité élevée du sol, influence la solubilité des éléments minéraux et provoque des troubles dans la nutrition minérale ce qui affecte d'une part le développement de la plante hôte et d'autre part l'efficience des rhizobiums et engendre par conséquent une diminution de la nodulation (Munns, 1977). Alors que le pH alcalin du sol a un effet négatif sur la disponibilité de certains minéraux tels que le fer et le manganèse autant pour le rhizobium que pour la plante hôte (Bordeleau et Prévost, 1994).

A.III. 3.5.2. Le stress salin

Parmi les facteurs environnementaux, la salinité constitue la contrainte majeure qui limite le développement et la productivité des plantes cultivées. Environ 40% de la surface terrestre présente des problèmes potentiels de salinité (Cordovilla *et coll*, 1994). Les zones à problèmes se localisent essentiellement dans les régions tropicales et méditerranéennes (Site 2). Le facteur causal de la salinisation des sols est principalement l'irrigation (Szabolcs, 1986).

Le stress salin affecte d'une manière délétère la croissance et la persistance des souches rhizobiennes dans le sol.

L'augmentation de la croissance des sels peut avoir un effet déterminant sur la salinité des populations microbiennes du sol. Cet effet est lié à la toxicité des ions Na^+. La baisse de fertilité des sols, appartenant à la zone aride, est généralement due à la présence d'une forte concentration de sel. De même, les conditions abiotiques tel que la salinité favorisent le changement de la structure de la communauté et l'installation des rhizobactéries les plus résistantes (Zahran, 2001).La recherche des plantes capable de survivre à ces concentrations est désormais nécessaire. La tolérance à la salinité des plantes est un phénomène très complexe.

La symbiose légumineuse-microorganismes et la formation des nodules sont plus hautement sensible à la salinité que les rhizobiums à l'état libre (Zahran, 1991). La croissance des rhizobiums sous des conditions salines varie d'une espèce à l'autre et d'un type de sel à l'autre (El Sheikh et Wood, 1989).

La salinité affecte l'initiation, le développement et le fonctionnement des nodules de même la capacité photosynthétique des feuilles, réduit l'activité de la nitrogénase et elle inhibe la synthèse de la léghémoglobine (Sprent, 1984).

Il est généralement admis que la salinité inhibe la fixation symbiotique de l'azote, au moins en partie, en limitant le fonctionnement des nodosités. En plus, dans les régions arides et semi-arides, la salinité est un facteur majeur de la détérioration du sol et le rendre impropre pour l'agriculture (Saadallah *et coll*, 2001).

En se basant sur la tolérance à la salinité, les bactéries présentent une variabilité interspécifique dont la plupart des rhizobiums sont inhibés par des concentrations de 100 mM NaCl (Singleton *et coll*, 1982). Différentes souches de *Bradyrhizobium* sont complètement inhibées entre 50 et 90 mM NaCl. Cependant, il existe des souches très tolérantes à plus de 1 M de NaCl (Zahran, 1999 ; Mnasri *et coll*, 2007 ; Trabelsi *et coll,* 2009), des souches de *Bradyrhizobium* nodulant le soja et de *Mesorhizobium* nodulant le pois chiche peuvent tolérer 500 mM NaCl (Ben Romdhane et *coll*, 2009). Il a été rapporté que chez la même espèce *Rhizobium leguminosarum*, il existe des souches dont la croissance est inhibée par 150 mM NaCl (Rai, 1983) et d'autres qui supportent 350 mM NaCl (Breedveld *et coll,* 1993). Il a été rapporté que des souches hautement tolérantes chez le lupin peuvent survivre à une concentration aussi élevée que 1,7 M NaCl (Zahran *et coll*, 1994). Concernant le type de sel, il a été rapporté que les chlorures sont plus toxiques que les sulfates (El Sheikh et Wood, 1989). La croissance de *Sinorhizobium meliloti* a été sévèrement affectée par les chlorures associés aux ions de magnésium que par les ions de sodium et de potassium (Jian *et coll*, 1993).

A.III. 3.5.3. Le stress hydrique

Le stress hydrique affecte la fixation symbiotique de l'azote à différents niveaux (Zahran et Sprent, 1986 ; Aguirreolea et Sanchez-Dýaz, 1989 ; Sadowsky, 2005) :

- -La formation et la croissance nodulaire.
- -Le métabolisme du carbone et de l'azote.
- -L'activité de la nitrogénase.
- -La perméabilité nodulaire à l'oxygène

La sécheresse inhibe la nodulation et la fixation azotée même chez les plantes inoculées (Zablotowicz et Focht, 1981). En effet, il existe des taux d'humidité extrêmes tolérés au delà desquels le développement et la survie du rhizobium sont affectés (Vincent, 1982).

A.III. 3.5.4. Effet de la fertilisation chimique

La fertilisation chimique des cultures se traduit par des effets généralement positifs sur l'abondance et la croissance des microorganismes vivants dans le sol et la végétation. D'un autre côté, celle-ci tend à diminuer la richesse spécifique de nombreux groupes (plantes, bactéries du sol, microarthropodes...) (Klimek *et coll*, 2007). L'apport de l'azote minéral par fertilisation chimique, inhibe sa fixation à partir de l'atmosphère à travers la limitation de la symbiose *Légumineuse/Rhizobium* (Dazzo *et coll*, 1884 ; Kijne, 1992) et la réduction de la quantité de l'azote inorganique fixé au niveau des nodules (Beringer *et coll*,1988)). Dans ces conditions, un blocage de l'action de la nitrogénase a été observé (Denarié et Truchet, 1979).

A.III.3.5.5. La solubilisation de fer

Le fer est un élément essentiel participant à de nombreux processus métaboliques indispensables à la vie de la plante. Il est essentiel pour l'activité des bactéroides et le développement du nodule. Le besoin en fer augmente au cours de la symbiose et une carence en fer limitera l'initiation et le développement nodulaire. La quantité du fer n'est pas assez disponible dans le sol. Les bactéries de la rhizosphère produisent les sidérophores, qui sont des transporteurs de fer, dont le rôle est de piéger le fer de l'environnement et le rendre disponible pour les plantes afin d'améliorer la croissance végétale. Le fer constitue une part importante en thème de la léghémoglobine qui facilite la diffusion de l'oxygène à la symbiose (O'Hara GW *et coll*, 1988).

A.III. 3.5.6. La solubilisation de phosphate

Le phosphore a un impact important dans la croissance et l'amélioration de la productivité des plantes. Il constitue un élément indispensable et irremplaçable pour les besoins vitaux des plantes. Le phosphore améliore la fixation symbiotique de l'azote car il favorise le phénomène de la nodulation. Une carence en cet élément induit la réduction de la croissance de la plante et la fixation symbiotique de l'azote.

A.III. 3.5.7. Effet des bactéries amélioratrices de la croissance des plantes

Parmi les microorganismes du sol, certains à effet PGPB (Plant Growth Promoting Bacteria) ont la particularité d'améliorer la croissance des plantes directement ou indirectement (Khan *et coll,* 2009). La stimulation directe consiste à fournir des éléments nutritifs pour la plante. Parmi ces éléments on trouve :

-L'azote à travers l'activité des *nitrate réductases.*

-Les phytohormones (tels que l'acide indole acétique, la zéatine, l'acide gibbérellique et acide abscissique).

- Le fer séquestré par les sidérophores bactériens.

- Le phosphore à travers la solubilisation d'acides organiques.

L'action indirecte inclue la prévention des phytopathogènes, l'allélopathie, la production d'antibiotiques et la compétition avec les agents délétères (Egamberdiyeva et Islam, 2008).

Partie B : Valorisation des déchets industriels

B.I. Introducion

La valorisation des déchets constitue une solution bénéfique pour assurer un environnement de qualité. Entre autres, des programmes d'intervention ont été créés dans le but de résoudre les problèmes de pollution tels que ceux des eaux usées qui nécessitent l'application de certains procédés d'assainissement (Crowley et *coll*, 1986) et l'utilisation des déchets agroalimentaires et industrielles. Pour faire face à cette situation, de nombreux projets de recyclage ont été réalisé et qui a concerné tant de domaines.

B.II. Production d'un milieu de culture bactérien et un support d'inoculation

Des difficultés majeures de la production de l'inoculum biologique d'intérêt agronomique tel que le coût élevé du milieu synthétique (Ben Rebah, 2001) et sa qualité qui dépend du nombre de l'efficience ainsi que de la stabilité génétique des souches contenues dans ces inoculums (Amarger, 2001).

Des recherches ont été déclenchées, afin de mettre au point des milieux de cultures économiques et capables de soutenir la croissance des bactéries. Ce sont des tentatives de criblage d'un milieu produisant des rhizobiums en grande masse, qui répond aux caractéristiques envisagées assurant leur conservation et leur persistance dans le sol (Graham et Vance, 2003).

D'après (Ben Rebah, 2001) plusieurs chercheurs ont tenté de tester des déchets industriels, comme les sous-produits de l'industrie des boissons alcooliques (Burton, 1979), les débris des enveloppes de pois protéolysés (Gulati, 1979), l'extrait de germes de malt (Bioardi et Ertola, 1985), les sous-produits de l'industrie de levure (Meade *et coll,* 1985) et les résidus de fabrication du fromage comme le lactosérum (Bissonnette *et* coll (1986). Ces sous produits testés constituent un milieu riche en sources de carbone et d'azote et en facteurs de croissances indispensables pour la croissance des rhizobiums. En plus, durant cette dernière décennie, le développement technologique a évolué dans le sens de l'utilisation de sous produits comme support pour les rhizobiums (Denton *et coll*, 2009).

De nombreux sous-produits agro-alimentaires et industriels, contiennent des facteurs nécessaires à la croissance des rhizobiums, ont été utilisés comme milieu de culture comme il est indiqué dans le tableau II.

Tableau II: Production de biomasse des différentes espèces de rhizobiums cultivés dans les sous-produits agricoles et industriels (Ben Rebah, 2001)

Boues	Souches de rhizobium	Type de récipient de culture	Nombre maximal de cellules
Lactosérum	S. meliloti	Fermenteur de 5-L (48h) [1]	4.7×10^9
	S. meliloti	Flasque de 1L	$>6 \times 10^9$
	S. meliloti	Fermenteur de 5-L	$>5 \times 10^9$
Germes de malt	R. leguminosarum bv. phaseoli	Flasque de 1L	$>3 \times 10^9$
	R. leguminosarum bv. Viciae	Flasque de 1L	$>5 \times 10^9$
	B. japonicum	Flasque de 1L	$>5 \times 10^9$
Extrait de levure	R. leguminosarum bv. Viciae	Fermenteur de 200L (40h)	2.4×10^9 à 8.1×10^9
Enveloppe de Pois, la mélasse et l''eau de jacinthe	R. leguminosarum bv. Trifolii	Fermenteur de 25L (72h)	2.80×10^{10}
	R. leguminosarum bv. Trifolii	Fermenteur de 135 L (72h)	1.75×10^{10}
	B. japonicum	Fermenteur de 25L (96h)	2.20×10^{10}
	B. japonicum	Fermenteur de 135 L (84h)	1.75×10^{10}
	B. japonicum et R. sp.	(144h)	9.86×10^9

B.II.1. Les exigences nutritives du rhizobium

Pour leur croissance, les rhizobiums ont besoin de certains éléments à savoir une source de carbone, une source d'azote, les vitamines et les sels minéraux à savoir le calcium, le magnésium, le manganèse, le potassium. Le calcium et le magnésium ont un effet majeur sur la croissance bactérienne dont le Ca favorise l'enlèvement de certaines inhibitions provoquées par certains acides aminés ainsi que le Mg il joue un rôle de régulateur enzymatique. En effet, le rapport Ca/Mg semble avoir plus d'impact sur la croissance de la bactérie que la quantité de Ca et Mg considérée séparément (Vincent, 1962).

En outre, la présence de faible quantité des oligo-éléments améliore la croissance rhizobiènne notamment le cobalt, le zinc, le manganèse et le fer (Ben Rebah, 2001). Le Zn stimule la croissance de rhizobium et le Fe joue un rôle important dans le transport des électrons et agit comme cofacteur.

B.II.2. Les caractéristiques d'un nouveau inoculant

Un bon inoculum dépend de la sélection de la souche rhizobiènne qui doit être basée sur (Ben Rebah *et coll,* 2007):
- ✓ Une fixation efficiente d'azote
- ✓ Sa capacité à noduler
- ✓ La tolérance aux différents stress abiotique (température, salinité, sécheresse, pH…)
- ✓ Leur adaptation au milieu ainsi que leur maintien pendant le stockage

De plus, l'inoculum doit contenir des souches pures de rhizobiums et le nombre de cellules vivantes doit être supérieur à 2×10^9 *Rhizobium*/g.

B.III. Production d'inoculant à l'échelle industrielle

Pour une production des inoculants à l'échelle industrielle certaines conditions doivent être présentes tel que les niveaux d'oxygénation et de température qui s'adaptent avec la croissance des rhizobiums. Ainsi qu'une grande variété de milieux ont été utilisé mais certains éléments doivent être présents quelque soit le milieu qui sont la source de carbone dont le sucrose est le plus employé par ailleurs le mannitol et surtout le glycérol sont utilisés pour les rhizobiums à croissance lente (Arias et Martinez-Drets, 1976).

Plusieurs milieux de culture dans la production industrielle ont été réalisés durant la période allant de 1925 au 1976 (Tableau III).

Tableau III: Milieux utilisés dans la culture de rhizobium à l'échelle industrielle (Ben Rebah, 2001)

Composition (mg/l)	Wright (1925)	Bond (1940)	Van Schreven (1967)	Burton (1967)	Date (1976)
Sucrose	-	10	15	10	-
Mannitol	10	-	-	2	10
K3PO4	-	-	-	0.10	-
K2HP04	0.50	9.50	0.50	-	0.50
KH2P04	-	-	-	0.37	-
MgS047H20	0.20	0.20	0.20	0.18	0.80
NaCl	0.10	0.10	-	0.06	0.20
(NH4)2HP04	-	-	-	0.10	-
CaS042H2O	-	-	-	0.04	-
Ca(N03)2 4H20	-	-	-	-	-
CaC03	3.00	1.00	2.00	0.25	-
Gluconate de Ca	-	1.50	-	-	-
FeCb 6H2O	-	-	-	-	0.10
Eau de levure (ml)	100	50	1.00	-	0.10
Levure auto lysé	-	-	-	1.00	-
Eau (ml)	900	950	900	1000	900

Objectifs du travail

Ce travail comprend deux parties différentes mais partageant une seule voie vers un meilleur rendement des légumineuses. La première partie met en évidence la diversité des microsymbiotes de *Coronilla Scorpoides* bien qu'elle n'est pas bien documentée par différents tests phénotypiques. Découvrir de nouvelles souches portantes les caractères des PGPB présente un grand intérêt agronomique. La deuxième partie est une tâche de recyclage d'un déchet industriel d'origine agroalimentaire afin de l'exploiter en tant que nouveau milieu de culture pour les rhizobiums vue qu'il contient tous les éléments nécessaires pour leur croissance et d'éviter les frais du milieu synthétique avec la réduction de la pollution de ces tonnes de déchet sur l'environnement.

Matériel & Méthodes

Partie A : Etude de la diversité des microsymbiotes

A.I. Isolement des bactéries à partir de nodules

Coronilla scorpoïdes est une légumineuse annuelle répandue en Tunisie mais n'est pas bien documentée ni bien cultivée. Les plantes, d'un champ situé au sidi bouzid, ont été collectées en début de la phase de floraison (Figure 4).

Figure 4: *Coronilla* au Stade floraison (A) et au Stade gousse(B)

La collecte des nodules est effectuée en creusant environ 15 cm autour de la plante et 20 cm dans le sol pour extraire la plante et son appareil racinaire. Les nodosités prélevées des racines ont été d'abord rincées délicatement par l'eau distillée afin d'éliminer le reste du sol. Elles peuvent être ensuite conservées dans des tubes contenant $CaCl_2$ pendant plus d'un an au réfrigérateur à +4°C (Somasegaran et Hoben, 1985).

Les nodules ainsi collectés ont été immergés dans l'éthanol à 95°C durant 30 secondes, ensuite dans une solution de chlorure mercurique $HgCl_2$ à 0,1 % puis à l'eau javel pendant deux minutes pour éliminer les bactéries de la rhizosphère suivie par un lavage successif de 10 fois à l'eau distillée stérile. Les nodules sont broyés et la suspension laiteuse obtenue est étalé sur milieu YEMA-RC (voir Annexe 1).

Après 3 à 7 jours d'incubation à 28°C dans des conditions d'aérobie, les colonies de rhizobium obtenues ont été repiquées de quatre à dix fois successivement dans le même milieu afin de les purifier. Le rouge Congo était utilisé afin d'éviter toute contamination par les bactéries (Actinomycètes, Agrobacter, …). Les souches de rhizobium ont été conservées à 4°C sur milieu gélosé ou à -80°C dans des tubes contenant 20% de glycérol (Vincent, 1970).

A.II. Caractérisation phénotypique

La caractérisation phénotypique consiste à déterminer les caractères agro-morphologiques des microsymbiotes et de cibler les souches efficientes en se basant sur les critères de capacité de solubilisation de phosphate, de mobilisation de fer « test CAS » et la production de phytohormones ainsi que la tolérance aux facteurs abiotiques tel que la salinité et la dessiccation et celles qui répondent aux tests précédents seront caractérisées comme des PGPB qui peuvent être utilisées comme des fertilisants biologiques.

A.II.1. Solubilisation de phosphate

Le criblage des souches qui dégradent le phosphate a été réalisé selon le milieu décrit par NBRIP (Nautiyal, 1999) : 10g/l MgCl$_2$, 6H$_2$O: 5g/l MgSO$_4$, 7H$_2$O: 0,25g KCl: 0,2g/l (NH4)$_2$SO$_4$: 0,1g/l Ca3 (HPO$_4$)$_2$: 5g/l Agar: 15g/l avec un pH=7.

Un volume 10 µl est déposé sur chaque quadrant avec 2 répétitions pour chaque souche, après 3 jours d'incubation à 28°C, l'apparition d'un halo clair autour de la bactérie montre qu'elle est capable de dégrader le phosphate et le résultat est retenu comme positif.

A.II.2. Sidérophores

Pour tester la mobilisation du fer, le milieu Chrome Azurol S (CAS) a été utilisé (Adriane *et coll*, 1999). Une quantité de 60.5 mg CAS est dissoute dans l'eau distillée, dé ionisé et mixé avec 10 ml de la solution fer III (1 mM FeCl$_3$.6H$_2$O, 10 mM HCl). Cette solution est additionnée de 72.9 mg HDTMA dissoute dans 40 ml d'eau, avec agitation. Le mélange obtenu est de couleur bleue, il a été autoclavé à 121°C pendant 15 min. Finalement 15 g d'agar, 30.24 g PIPES et 12 g de solution (w/w) 50% ont été ajouté au mélange suivi d'un 2ème autoclavage.

Après avoir versé le milieu dans des boites, 200µl de préculture bactérienne est déposé sur chaque quadrant, en utilisant la méthode de puits, avec 2 répétitions pour chaque souche. Après incubation pendant au moins 48 h à 28°C, un halo se forme autour de la colonie avec virage de la couleur bleue du milieu CAS en orange, violet ou pourpre foncé-rouge (magenta). L'activité fixatrice de fer est mesurée, par la formation d'halo autour de la bactérie.

A.II.3. Production de l'acide indole acétique (AIA)

Un volume de 100µl de la préculture est ensemencé dans 10 ml du milieu SMS composé de 10g/l sucrose, 1g $(NH_4)_2SO_4$, 2 g K_2HPO_4, 0.5g $MgSO_47H_2O$, 0.5g extrait de levure, $CaCO_3$, 0.1g NaCl additionné de 0.5mg/ml tryptophane avec un pH de 7.2.

La préculture est incubée ensuite pendant 5 jours à 28°C avec agitation. Le 6ème jour, une centrifugation a été effectuée à 10.000 rpm pendant 5 min et 1 ml du surnageant est mixé avec 100µl d'acide orthophosphorique 10mM additionné de 2 ml réactif de solwaski, qui est composé de 2 ml $FeCl_3$ (0.5M) dans 98 ml d'acide perclorique (35%). Après une incubation de 30 min à 25°C, la lecture de la densité optique est effectuée à une longueur d'onde de 530 nm. La coloration rose signifie la production de l'AIA.

A.II.4. Tolérance à la salinité et au stress hydrique

La méthodologie suivie pour l'évaluation de la tolérance au sel des bactéries est la même que celle appliquée pour la tolérance au stress hydrique osmotique. D'abord la tolérance à la salinité a été réalisé sur milieu YEM en augmentant la concentration du NaCl par palier de 100 mM jusqu'à 1.5M. Pour le stress hydrique, le produit utilisé à ce propos est le polyéthylène glycol (PEG 6000). Les différentes concentrations de PEG utilisées sont 10%, 15% et 20%.

A.III. Evaluation de l'efficience symbiotique des isolats de la collection

A. III.1. Conduite de l'essai

Les graines de *Coronilla* ont été d'abord scarifié sur papier abrasif pour écraser le tégument afin de faciliter la germination, ensuite imbibées dans l'alcool pendant 20 secondes puis $HgCl_2$ 0.2% durant 2 min suivie des lavages successifs avec l'eau distillée stérile dont les dernières lavages durent environ 3h. Après la stérilisation, la germination peut être effectué sur milieu agar ou sur papier filtre stérile puis incubé jusqu'à 48h à 25°C à l'obscurité. Les graines ainsi germées ont été transférées dans des pots contenant du sable stérile et mises en cultures dans des conditions d'humidité et de température appropriées. A l'apparition des cotylédons, les plants ont été inoculés avec 1 ml d'une solution bactérienne fraîchement préparée (10^8 bactéries/ml). Des plantes non inoculées ont été utilisées comme témoins : un premier témoin absolu. Quatre répétitions ont été réalisées pour chaque traitement. Les plantes ont été arrosées 3 fois par semaine alternativement avec de la solution nutritive dépourvue d'azote (Vadez *et coll*, 1996) et de l'eau distillée stérile.

A.III.2. Paramètres mesurés

Douze semaines après inoculation, et au stade 6ème feuille pluri foliée du coronilla les rendements en biomasse sèche par plant ont été estimés après dessiccation des parties aérienne et racinaire des plantes à l'étuve ventilée à 56°C pendant 72 h suivie de la mesure des poids secs par une balance de précision.

Partie B : Valorisation d'un déchet industriel

Dans cette partie, un déchet d'industrie agro-alimentaire a été utilisé d'une part comme milieu de culture pour les rhizobiums et d'autre part comme support pour la conservation de souche *Rhizoium gallicum* qui est spécifique de *Phaseolus vulgaris* (Haricot).

B.I. Sous produit en tant que milieu de culture

B.I.1. Milieu solide

Cinq souches brevetées ont été repiquées sur milieu sous produit (MSP) contenant sous produit avec une concentration de 50g/l filtré et sur milieu support non filtré, incubées à 28°C pendant au moins 48h (Tableau IV) :

Tableau IV: Souches utilisées dans la valorisation du support

Souches	Genres et espèces	Plantes hôtes	Références
A9	*Rhizobium sulla*	*Sulla (Hedysarum coronarium)*	Fitouri *et coll*, 2012
A10	*R. sulla*	*Sulla (Hedysarum coronarium)*	Fitour *et coll*, 2012
8a3	*R.gallicum*	*Haricot (Phaseolus vulgaris)*	Mhamdi *et coll*, 1999
FB 201b	*Pseudomonas sp.*	*Vicia faba*	Saïdi *et coll*, 2013
Rm 2011	*R. meliloti*	*Souche de référence*	Casse *et coll*, 1979

La croissance des souches sur milieu MS peut être du à l'agar. Pour confirmer le rôle du sous produit dans la multiplication bactérienne, chaque souche est repiquée à la fois sur milieu MS, milieu agar utilisé comme témoin négatif et sur milieu YEMA employé comme un témoin positif.

B.I.2. Optimisation du milieu de culture

D'une part, différentes concentrations du sous produit, à savoir 10, 30, 50 et 100g/l, ont été essayées dont le but est de préciser laquelle à retenir pour une croissance exponentielle des souches. Ce test a été réalisé sur trois souches parmi cinq qui ont donné les meilleurs résultats dans l'essai I sur milieu liquide et solide avec suivi de la vitesse de croissance durant trois jours. Dans chaque essai, la méthode de filtration a été employée.

B.I.3. Extraction d'ADN

Une procédure d'extraction a été effectuée pour vérifier l'effet du nouveau milieu sur le maintien des rhizobiums:

Une lyse cellulaire pour les isolats du milieu solide en étalant une colonie pure sur milieu MSP (1.5% agar), après 48h d'incubation à 28°C un volume de 8 ml d'eau MQ stérile est ajouté suivi d'une agitation mécanique jusqu'à obtenir une suspension bactérienne. Ensuite une lecture de la densité optique se fait à une longueur d'onde de 620 nm, si la valeur obtenue est inférieur ou égale à 1 le volume de suspension à prélever sera égale à (200/DO) si elle est supérieure on passe par une dilution et on suit la même formule mais en multipliant avec le facteur de dilution. L'étape suivante est une centrifugation à 13000 rpm pendant 7 min puis éliminer le surnageant et ajouter 50 µl de l'eau MQ stérile, éliminer une autre fois le surnageant et ajouter un mélange de (100µl eau MQ + 100µl tris HCl + 17µl Protéinse K (1×)). Une incubation à 55°C over night après un vortex et coup de centrifugation et pour arrêter la réaction, une incubation est faite à 100°C pendant 10 min suivie d'une conservation à -20°C. Cette manipulation nécessite une amplification par PCR.

Une extraction génomique à partir du milieu liquide qui consiste à cultiver les différentes souches bactériennes sur milieu MSP. La biomasse obtenue est reprise sous une agitation mécanique intense (vortex : Stuart) dans 567 µl TE (10mM Tris-HCl ph8 ; 0.1mM EDTA) puis additionnée de 30 µl de lysozyme (30 mg/ml TE), de 6 µl protéinase k (20 mg/ml TE) qui nécessite une incubation de 30 minute à 37 °C suivie d'une agitation mécanique intense. Puis Après 40 µl SDS (10% Sodium Dodecyl Sulfate) et 80µl de CTAB ont été ajouté, l'ensemble est mis sous une agitation mécanique intense et incubé pendant 10 à 15 minutes à 65 ° C. L'élimination des protéines se fait par l'ajout d'un volume égal d'une solution de phénol/chloroforme/alcool iso-amylique (25/24/1) au mélange qui est soumis à une agitation mécanique intense puis centrifugé à 12000 rpm pendant 20 minutes.

Une solution de chloroforme/alcool iso-amylique (24/1) a été ajoutée à un volume égale au surnageant. L'ensemble est bien agité puis centrifugé à 12000 rpm pendant 20 minutes. La précipitation de l'ADN est effectuée par l'addition de l'éthanol absolu (réfrigéré à -20 ° C) au surnageant. L'ensemble est incubé pendant 60 minute à -20 ° C et centrifugé à 12000 rpm pendant 30 minutes. L'extrait d'ADN est lavé par l'éthanol 70% (200 µl) centrifugé à 12000 rpm pendant 5 minutes, séché à 37 ° C pendant 30 minutes et conservé à -20° C dans 50 µl de TE jusqu'à utilisation.

B.I.4. Réaction de Polymérisation en Chaîne : PCR

La technique de PCR consiste à la caractérisation moléculaire des souches de rhizobium en se basant sur l'amplification de l'ADNr 16S.

L'amplifiât est préparé dans un volume final de 25µl en utilisant les amorces appropriées pour les gènes de l'ADNr 16S de 2.5 µl chacune.

Amorce sens :   5'GGAGAGTTAGATCTTGGCTC 3'

Amorce antisens :   5'AAGGAGGTGATCCAGCCGCA 3'

Le mélange réactionnel renferme de plus 2.5 µl dNTP 1×, 2U Taq polymerase (Biomatik) et 1.25 µl de matrice ADN.

L'amplification est réalisée dans un thermocycleur (Biometra TRIO-Thermoblock) selon le programme approprié :

Phase 1 :Pré-dénaturation : 95°C,3 min **1×**

Phase 2 : Dénaturation de l'ADN : 94°C, 1 min

      Hybridation des amorces sur l'ADN : 55°C, 1 min   **35 ×**

      Extension des amorces : 72°C, 2 min

Phase 3 : Extension finale d'ADN hybridé : 72°C, 3 min **1×**

L'amplification est vérifiée par électrophorèse horizontale d'où les produits amplifiés ont été déposé sur un gel d'agarose 0.7% (0.7g d'agarose dans 100 ml de tampon de migration TAE 1X (Tris Acetate EDTA)) soumis sous un courant électrique de 120V et 100 mA pendant 20 min. La révélation se fait après un bain du Bromure d'Ethidium (BET) (1µg/ml d'eau distillée) visualisé sous UV (312 nm) au Biodoc (Biodoc 2NT/Biometra).La concentration en ADN des échantillons a été évaluée par comparaison avec un marqueur de poids moléculaire connu (voir Annexe 3).

B.I.5. Digestion enzymatique

Après la vérification de l'amplification, la digestion enzymatique est réalisée avec 8,5 µl de l'amplifiât mélangé avec 1 µl d'une enzyme de restriction à site de coupure reconnu HaeIII (5 U/µl), dans un volume équivalent de tampon (0,9 tampon + 0,1 µl BSA (10 mg/ml)). Le mélange est incubé à 37°C pendant une nuit, puis l'enzyme est désactivée à 70°C pendant 10 min. Le polymorphisme de taille de fragments de restriction est vérifié par une électrophorèse horizontale sur gel d'agarose (Sima Ultra pure) à 3 % dans un tampon TAE à 100V et pendant 3 heures et demie. Il est ensuite coloré au BET et visualisé sous UV au Biodoc. En utilisant le 1 Kb Ladder comme marqueur de poids moléculaire. La taille en paire de base des différentes bandes obtenues a été évaluée par comparaison à celles des marqueurs moléculaires utilisés à l'aide du logiciel PM, Macintosh, Vs 4,0.

B.II. Enrobage des graines d'Haricot

Des sachets en carton contenant 100 graines homogènes d'haricot sont enrobées avec différentes quantités de sous produits et pulvérisées avec la souche 8a3 (souche efficiente pour l'haricot) et conservées à température ambiante cartonnés durant 10 jours, un et deux mois. Un essai d'optimisation de la quantité du support et du volume de suspension bactérienne a été effectué. Un control a été effectué en enrobant les graines avec le support et le milieu YEM sans la souche (Figure 5). Trois essais ont été effectués EI, EII et EIII avec les concentrations suivantes : 5kg/L /7.5Kg d'haricot, 3 Kg/L/20Kg d'haricot et 1Kg/L/30Kg d'haricot.

Figure 5: Graines enrobées

Les graines ainsi enrobées ont été transférées dans des pots contenant du sable stérile, après 10 jours et 1 mois de date d'enrobage **(Figure 6).**

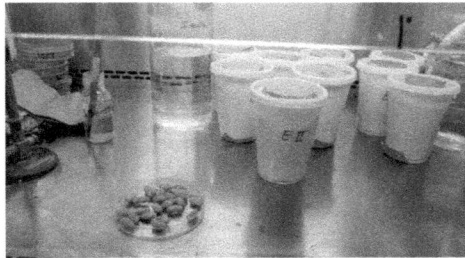

Figure 6: Transfert des graines dans des pots

B.II.1. Dénombrement des colonies

Un dénombrement des souches de *R. gallicum* est effectué après 1 et 2 mois de la date d'enrobage dont le but est de suivre la survie de la souche en présence du sous produit.

Une série de dilution MPN est effectuée de 10^{-1} jusqu'à 10^{-5} et 100µl de chaque dilution est ensemencé sur boîte YEMA-RC (voir Annexe 1).

D'après les résultats obtenus dans la partie d'optimisation du support comme milieu de culture, le dénombrement a été réalisé sur milieu YEMA-RC et milieu MSP à la fois.

B.II.2. Paramètres mesurés

Après environ 3 mois de semis, les plantules au stade floraison, ont été récoltées. Les paramètres de nodulation (nombre et poids) ont été évalués. Le dénombrement des nodules pour observer le rôle du support dans la survie de 8a3 d'une part et pour déterminer les meilleurs quantités pour l'enrobage de graines.

B.II.3. Analyses statistiques

L'analyse statistique est effectuée par le logiciel statistica version 7. Ces résultats ont été soumis à une analyse de la variance d'une part pour comparer les différents essais : l'effet éventuel de la concentration du produit (sous produit) et le temps de la conservation sur les différents paramètres et d'autre part pour détecter un effet éventuel de l'isolat de la partie A sur les paramètres testés. Cette analyse est complétée par une comparaison uni factoriel des moyennes par le test LSD (Least Sgnificant Difference).

Résultats & Interprétations

Partie A : Etude de la diversité des microsymbiotes

Afin d'étudier les microsymbiotes nodulant *Coronilla scorpïdes*, une collecte des nodules a été faite. L'isolement des bactéries à partir des nodules collectés a permis de constituer une collection de 33 isolats. Ces derniers ont subi des tests phénotypiques dans le but d'identifier les caractères phénotypiques d'une part et la taxonomie bactérienne d'autre part.

A.I. Etude phénotypique

La caractérisation phénotypique montre les variations phénotypiques entre les différents isolats. Les caractères phénotypiques testés sont la capacité à mobiliser le fer, à solubiliser le phosphate, à produire l'acide indole acétique et à tolérer les stresses abiotiques. Ces caractères permettent de sélectionner des souches efficientes ayant les caractères des PGPB (*Plant Growth-Promoting Bacteria)*.

A.I.1. Etude de la tolérance aux facteurs abiotiques

A.I.1.1 Tolérance à la salinité

L'évaluation de la tolérance des souches à la salinité sur milieu liquide a montré que la totalité des isolats bactériens présente une croissance similaire au témoin (0 mM). A 600 mM de NaCl, la majorité des isolats (90 %) arrivent à se développer. A partir de 800 mM de NaCl, 48 % d'isolats arrivent à croitre (Figure 7).

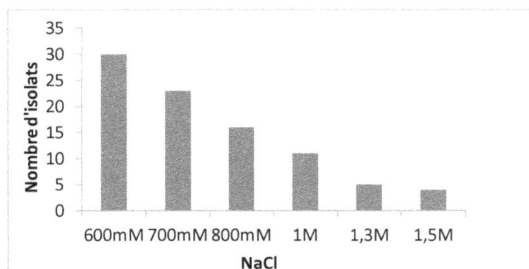

Figure 7: Distribution des isolats de *C.scorpoïdes* selon les différents groupes phénotypique de la tolérance à la salinité

A une concentration élevée de la salinité (1000 mM), 11 isolats avaient la capacité de croitre et seulement 5 croient à une concentration de 1.3M dont 4 supportent 1.5M de NaCl.

A.I.1.2.Tolérance au stress hydrique

Les isolats de *C.scopoïdes* ont montré une capacité de croissance sur des milieux avec une gamme de concentration de PEG de 10%, 15% et 20%.

Comme le cas du stress salin, les 33 isolats montrent des niveaux de tolérance au stress hydrique permettant de les regrouper en 3 groupes selon la dose maximale de PEG tolérée. Contrairement au test précédent, la majorité des isolats montrent des tolérances aux fortes concentrations de PEG. La moitié des isolats, représentant le groupe PE3, ont été développé sur milieu YEM liquide contenant 20% du PEG. Un nombre de 12 isolats a supporté 15% du PEG (Figure 8). Tandis que 10% était la dose minimale tolérée par 5 souches formant le groupe PE1.

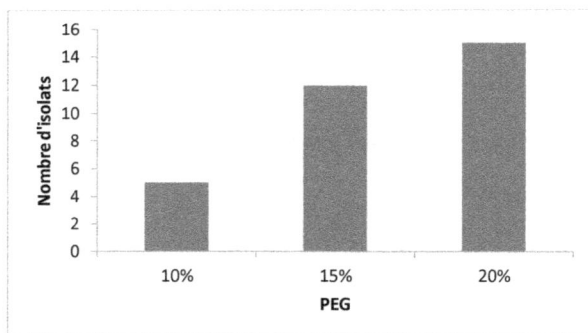

Figure 8: Distribution des isolats selon différents groupes phénotypique de la tolérance au PEG

A.I.2. Caractères phénotypiques

A.I.2.1. Test CAS

Le but du test universel CAS est de tester la capacité de ces 33 isolats bactériens à produire des composants de fer de type sidérophores en milieu solide. Ce test a permis de classer les souches en quatre groupes en se basant sur le diamètre de l'halo formé autour de la colonie.

Parmi les 33 isolats, treize avaient une activité fixatrice de fer dont deux isolats ont été considérés comme les meilleures bactéries pour la mobilisation du fer, formant le groupe C1 avec un diamètre allant de 1.4 à 2 cm (Figure 10). Tandis que 5 avaient une activité moins intense et 6 ont montré une réponse plus ou moins importante (Figure 9).

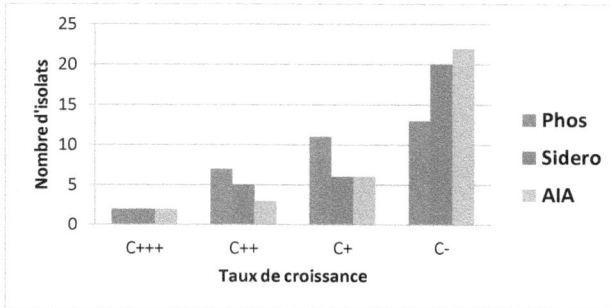

Figure 9: Nombre des isolats selon leur croissance dans les différents tests phénotypiques

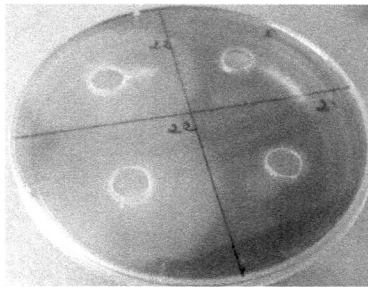

Figure 10: La production des sidérophores par l'isolat 22

A.I.2.2. Test phosphate

Vu l'importance du phosphate dans le développement des légumineuses, les isolats ont été testés pour leur capacité à solubiliser le phosphate. Ils ont été inoculé sur milieu phosphate solide et le diamètre de l'halo, formé autour des bactéries montrant l'activité de dégradation de cet élément, a été mesuré. Comme pour le test CAS, suivant le diamètre de l'halo, quatre groupes ont été classé (Figure 9).

Vingt isolats ont montré la capacité de dégrader le phosphate d'où le groupe Phos 1 renferme 2 isolats montrant l'activité de solubilisation du phosphate la plus intense (Figure 11).

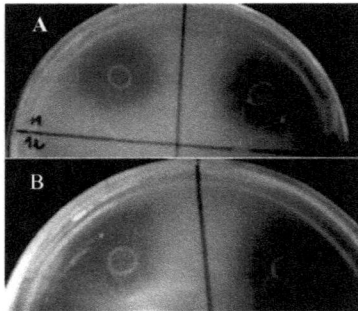

Figure 11: Solubilisation du phosphate positive par les isolats 11 (A) et 13 (B)

A.I.2.3. Test AIA

Le virage de la couleur blanche au rose est in indicateur de la production de l'auxine. Afin de quantifier cette production une gamme étalon a été réalisée (voir Annexe 2).

D'après la courbe obtenue, la quantité d'AIA calculée a permis de classer les isolats en différents groupes (Figure 9). Onze isolats étaient capables de produire cette phytohormone dont 2 isolats ont formé le groupe de la production la plus intense d'auxine.

Afin d'étudier leur caractères phénotypiques, les 33 isolats ont été regroupés en quatre groupes selon leur croissance dans les trois tests simultanément (Figure 9).

Pour chaque test deux isolats ont présenté leur maximum de croissance dont l'isolat 10 avait une activité CAS intense et était capable à la fois de produire des quantités importante d'auxine. Cependant, l'isolat 22 testé présente un grand halo orange autour de la colonie (Figure 10) ce qui montre qu'il était capable de produire des sidérophores. Il a l'aptitude de capter le fer pour leur propre compte dont le but est de faire bénéficier la plante. En plus, il peut résister des fortes concentrations de NaCl (1.5 M), de PEG 20% et il est capable de solubiliser le phosphate.

A.II. Evaluation de l'efficience symbiotique des bactéries de *C. scorpoïdes*

La récolte des plantes de Coronilla a été faite après trois mois de culture. Le but était d'observer l'effet de l'inoculation sur la croissance de la masse végétale (Figure 12). La sélection des isolats a permis de choisir 12 isolats selon leurs tolérances aux fortes concentrations de NaCl et PEG.

En comparant chaque plante avec un control non inoculé, on remarque que la plante inoculée par la souche 8 n'a pas développée une biomasse importante tandis que la souche 27 a gardé le même impact sur la MSR et MSA. La majorité des plantes inoculées ont montré une différence significative de la biomasse racinaire et aérienne par rapport au control ce qui a permis de distinguer des isolats efficients capable d'améliorer la croissance végétale telle que les isolats 25 et 11 avec une augmentation en MSA de plus que 50% et 44% respectivement. Ce test d'efficience mériterait d'être répété et récolté à un stade précoce à fin de vérifier la nodulation de ces isolats. Il est possible qu'ils soient des rhizobiums montrant une amélioration de la croissance végétale.

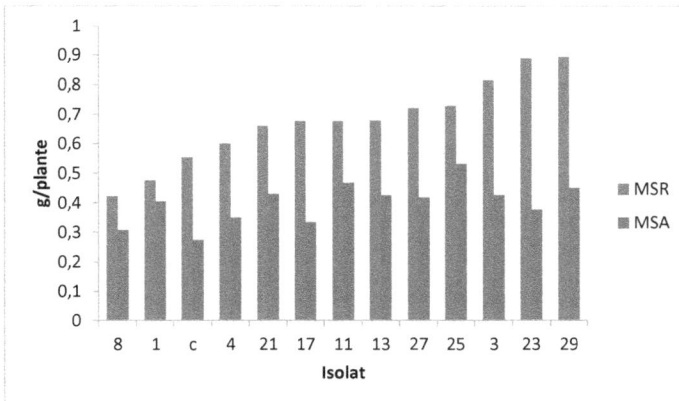

Figure 12: Impact de l'inoculation sur la production de la biomasse végétale : la Matière Sèche Aérienne (MSA) et la Matière Sèche Racinaire (MSR)

A.III. Etude de la diversité des symbiotes

La caractérisation phénotypique des 33 isolats des nodules des racines de *Coronilla scorpoides* est basée sur cinq caractères. Les résultats ont été traités par UPGMA comme il est indiqué dans la figure 13.

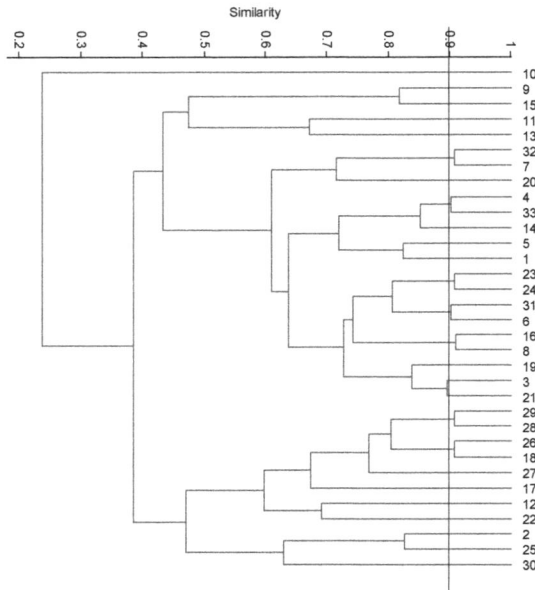

Figure 13: Classification phénotypique des isolats du *C.scorpoides* par UPGMA

La classification par UPGMA a montré une grande diversité phénotypique entre les isolats. Parmi les 33 isolats bactériens 8 groupes dont chacun est formé de deux isolats présentent une similarité de 90%. Les différences phénotypiques peuvent être dépendantes ou indépendantes d'une diversité génétique du fait que ces isolats peuvent appartenir à la même famille et même genre mais ils sont d'espèces différentes pour avoir une telle variabilité de caractères phénotypiques. Ces hypothèses seront confirmées par le recours à la caractérisation génétique en utilisant les moyens moléculaire.

Partie B : Valorisation d'un déchet industriel

B.I. Caractérisation du déchet industriel

Le déchet industriel est un sous produit agroalimentaire qui est riche en matière organique favorisant la croissance de la population bactérienne. Il contient des éléments minéraux consommables par les microorganismes à savoir le calcium, le magnésium, le potassium, le phosphore, le manganèse et une quantité importante de sucre. Ce sous produit répond aux exigences nutritives des bactéries et présente un pH légèrement basique convenable avec la croissance bactérienne. (Les détails des résultats ne sont pas présenter pour un intérêt de confidentialité).

B.II. Utilisation des déchets industriels comme milieu de culture

L'emploi de ces déchets comme milieu de culture pour supporter la croissance des bactéries a été testée sur milieu solide et liquide.

B.II.1. Milieu solide

Selon les caractéristiques, ces sous produits industriels contiennent certains éléments nutritifs utiles pour la croissance bactérienne dont l'azote, le carbone, le phosphore, le potassium et le magnésium. Il est toutefois possible d'exploiter la richesse de ces sous produits en source d'énergie peu coûteuse utilisables par les microorganismes, pour la production des inoculants commerciaux de rhizobium et remplacer les milieux de culture synthétique. En utilisant le sous produit en suspension en ajoutant l'agar et l'eau (MSP), le repiquage des isolats de rhizobium montre qu'il est capable de supporter la croissance de rhizobium. Bien que le milieu était sombre, il était difficile de visualiser les colonies ce qui limite son utilisation en tant que milieu commercial d'où l'idée de la filtration pour obtenir des colonies faciles à dénombrer sur un milieu plus clair (Figure 14).

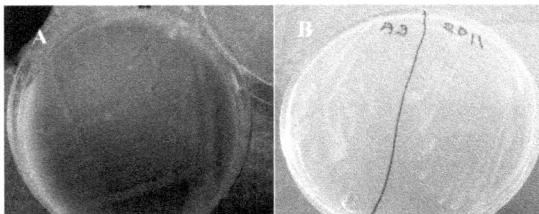

Figure 14: Culture des souches sur milieu de culture sous produit (MSP) solide (A) et sur MSP solide filtré (B)

Pour confirmer le rôle du sous produit dans la croissance bactérienne, des souches bactériennes à croissance rapide ont été repiquées sur le nouveau milieu (MS) avec une concentration (50g/l), sur le milieu agar comme témoin négatif et sur le milieu YEMA comme control positif (Figure 15). La morphologie des colonies diffère selon le milieu comme il est indiqué dans la figure 15:

- Milieu support : un aspect lisse, opaque, légèrement élevé, texture mucilagineuse, chaque colonie est bien individualisé et arrondi.
- Milieu YEMA : elles ont un aspect élevé lisse, du couleur blanchâtre avec une texture translucide et mucilagineuse, relativement grande et muqueuse.
- Milieu Agar : colonies blanchâtres relativement très petites. La croissance de la colonie n'évolue pas en fonction du temps.

Figure 15: Comparaison des colonies sur trois milieux différents

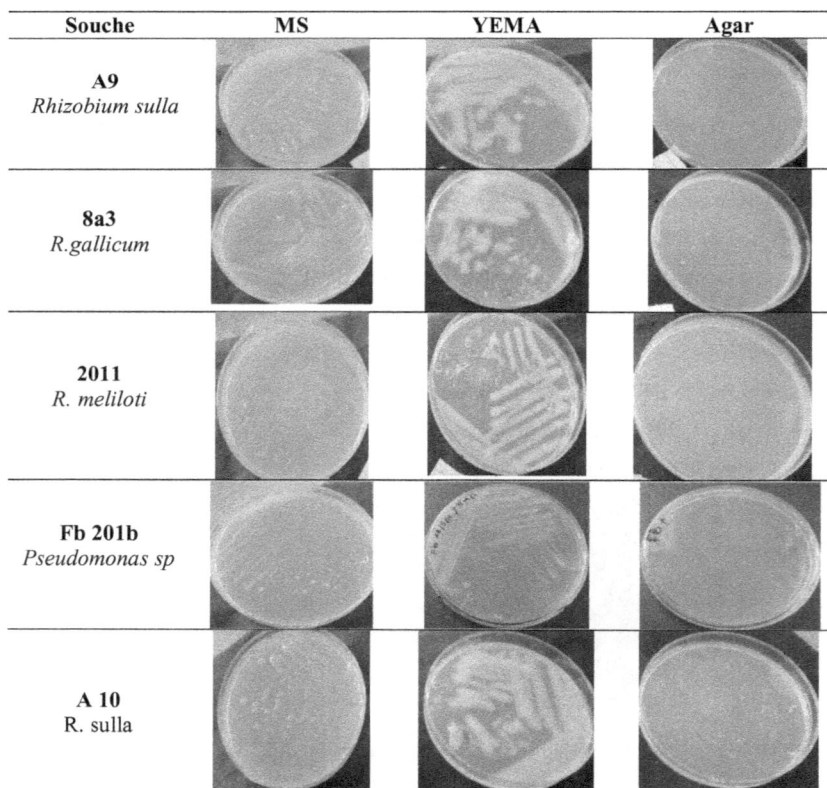

Souche	MS	YEMA	Agar
A9 *Rhizobium sulla*			
8a3 *R.gallicum*			
2011 *R. meliloti*			
Fb 201b *Pseudomonas sp*			
A 10 R. sulla			

37

B.II.2. Optimisation du milieu sous produit (MSP)

Pour évaluer la capacité de rhizobium à croître dans différentes concentrations du milieu MSP, trois souches de référence du *Rhizobium* à croissance rapide ont été testés. Elles ont été cultivées dans quatre milieux MSP liquide avec une gamme de concentrations de 10, 30, 50 et 100 g/l.

Le milieu YEM est utilisé comme un milieu témoin et la croissance bactérienne a été suivie pendant 5 jours (Figure 16).

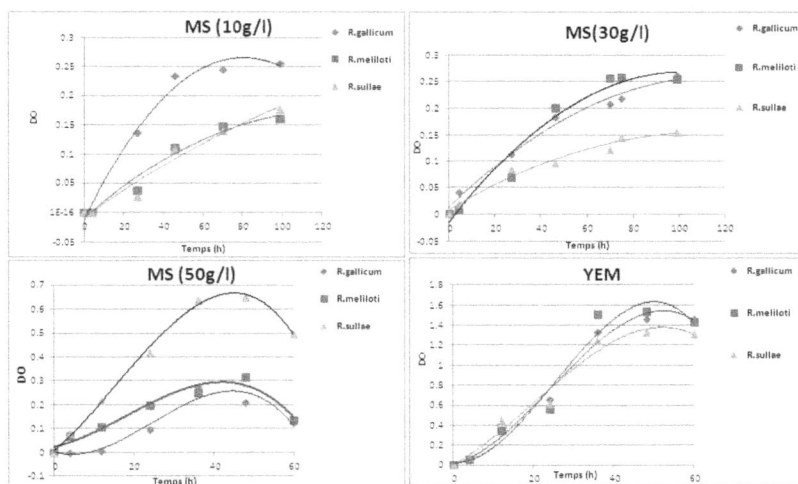

Figure 16: Vitesse de croissance sur milieu MS 10g/l, 30 g/l, 50g/l et YEM

Lors de la phase exponentielle de croissance l'ensemble de l'énergie produite par la bactérie est utilisée dans la croissance bactérienne. Pendant la phase de ralentissement, la bactérie s'adapte à la limitation en nutriment et en oxygène en modifiant sa physiologie en réponse au stress nutritif. Un des moyens d'adaptation est d'adhérer à la surface en formant un biofilm lui permettant une meilleure accessibilité aux nutriments et une protection contre des facteurs externes qui peuvent être délétères.

Les courbes de croissance effectuées montrent un ralentissement, important et long, de la croissance bactérienne après la phase exponentielle qui se traduit par une diminution très importante du nombre de bactéries suggérant que le nombre de bactéries mortes domine les cellules vivantes dans le milieu.

L'ensemble des résultats montre que les souches à croissance rapide réagissent différemment d'une concentration à une autre et que celles de 10, 30 et 50g/l supportent mieux la croissance. En comparant avec le milieu YEM, la composition des sous produits affecte le temps de génération et le rendement en cellules dont certains inhibent la croissance des rhizobiums.

Par exemple, la croissance des souches de rhizobium est inhibée en présence du sous produit avec la forte concentration 100g/l. Par ailleurs, la nature, la composition des sous produits et la disponibilité d'éléments nécessaires pour la croissance influencent la croissance des bactéries. De plus, la tolérance propre à chaque souche vis-à-vis de certains composés toxiques, à savoir les métaux lourds, peut expliquer ce comportement.

La vitesse de croissance des rhizobiums sur milieu MSP est largement différente par rapport à celle du milieu YEM qui comprend la phase exponentielle la plus importante.

R. sullae avait une croissance exponentielle plus performante en milieu MSP que celle sur milieu YEM. Un taux de croissance (μ) élevé révèle que le milieu est adéquat pour la multiplication bactérienne. μ est calculé en appliquant la formule suivante :

$$\mu = (\log DO2 - \log DO1) / (T2 - T1)$$

Ce taux désigne le nombre de division binaire par unité du temps, il diffère selon le rhizobium et le milieu utilisé. Le temps de génération (G) qui sépare deux générations successives peut être calculé suivant cette formule : $G = \ln(2)/\mu$

Parmi les différentes concentrations testées, 50 g/l a donné de meilleurs résultats (Tableau V). La concentration 100g/l a été négligé vue les faibles valeurs de DO obtenues tandis que de très faible taux de croissance ont été signalé dans les concentrations 10 g/l et 30 g/l.

Tableau V: Taux de croissance et temps de génération des rhizobiums sur milieux YEM et MSP (50g/l)

	MSP		YEM	
	μ	G	μ	G
R.gallicum	0,03734222	18,5620248	0,02591152	26,7505373
R.meliloti	0,02353354	29,4535932	0,03554549	19,5002854
R.sullae	0,05968957	11,612534	0,02511501	27,5989237

Le temps de génération (G) est inversement proportionnel au taux de croissance. *R.sullae* était le rhizobium le plus capable à croître sur milieu MS avec μ importante et un temps de dédoublement rapide (Tableau V).

Le même pour *R. gallicum* dont la vitesse de croissance est plus rapide sur MSP que sur milieu YEM. Contrairement au *R .meliloti* dont le taux de croissance est plus important sur milieu YEM avec un temps de génération le plus élevé. Les deux souches *R.gallicum* et *R sullae* ont une croissance plus rapide sur milieu MSP que sur milieu YEM.

B.II.3. Extraction génomique

Afin de vérifier la qualité de l'ADN bactérien des rhizobiums cultivés sur milieu MSP, deux protocoles d'extraction ont été utilisé, le milieu MSP a remplacé le milieu TY et LB respectivement pour la lyse et l'extraction d'ADN génomique bactérien. Une extraction d'ADN est alors effectuée à partir de la suspension de chaque souche dans milieu MSP (10g/l) et (50g/l). Le milieu LB est utilisé comme control.

L'extraction d'ADN génomique a donné lieu à une bande unique révélée par électrophorèse chez l'ensemble des deux souches utilisant les différents milieux de culture (Figure 17).

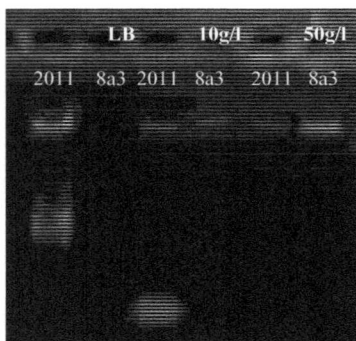

Figure 17: Profil d'extraction génomique de deux souches de rhizobiums

La lecture de la densité optique des produits de la lyse bactérienne à 230, 260 et 280 nm permet de déterminer la quantité d'ADN présente d'une part et sa pureté d'autre part. Une quantité importante d'ADN bactérienne a été extraite à partir du milieu MSP. Le rapport 260/280 est supérieur à 1 pour 8a3 et proche de 1 pour 2011 ce qui montre la pureté de l'ADN des protéines (Tableau VI). Le rapport 260/230 est inférieur à 1 pour les deux rhizobiums indiquant la pureté de leur ADN des produits chimiques.

Tableau VI: Quantité et pureté de l'ADN de deux souches de rhizobium

	Quantité en ng/ µl	260/280	260/230
8a3	168	1.05	0.6
2011	45	0.77	0.72

B.II.4. Amplification par PCR de l'ADNr 16S

Le gène ribosomique de l'ADNr 16S des souches a été amplifié. L'amplification a donné lieu à une bande unique révélée par électrophorèse chez l'ensemble des souches. La taille de la bande a été évaluée visuellement par comparaison au marqueur utilisé de 100 pb DNA ladder (voir Annexe3).

Elle correspond au poids moléculaire de 1500 pb (Figure 18). Ce résultat est parfaitement conforme aux travaux de (Willems et Collins, 1993 ; Laguerre *et coll,* 1994).

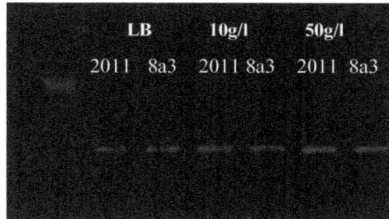

Figure 18: Amplification de l'ADNr 16S de deux rhizobiums sur milieu MS (10 et 50 g/l)

B.II.5. Produits de digestion

Une digestion de l'amplifiat de l'ADNr 16S de la souche 8a3 (cultivée sur le milieu MSP lors l'étape de l'extraction de l'ADN) a été effectuée avec l'enzyme de restriction *HaeIII*. Elle a généré deux profils identiques en se basant sur le nombre de bandes de digestion généré par souche. Il s'agit d'un profil à 4 bandes pour la souche 8a3 à 10 et 50 g/l ceci indique que la concentration du milieu n'a pas un effet inhibiteur sur la digestion enzymatique (Figure 19)**.** La présence des bandes indique que l'enzyme *HaeIII* conserve sa fonction sur le milieu MSP. Aucun effet d'inhibition n'a été observé.

Figure 19: Profils de digestion de deux rhizobiums avec l'enzyme de restriction *HaeIII*

M : Marqueur de taille

B.III. Enrobage des graines d'Haricot

B.III.1. Viabilité de rhizobium dans le sous produit (poudre)

Afin d'étudier la survie de rhizobium et la capacité de conserver leur potentiel symbiotique, un test d'inoculation par enrobage a été effectué. Différentes quantités du sous produits et des volumes de la suspension bactérienne ont été essayées dans le cadre d'optimisation de la quantité nécessaire pour la conservation de la souche 8a3 qui agit sur le rendement des cultures d'haricot.

La viabilité de la souche a été suivie au cours du temps, une dilution MPN a été faite et le nombre de colonies formant unité (UFC) est déterminé après 48 h d'incubation à 28°C.

Le tableau VII montre le nombre de colonies après un et deux mois dans les graines de trois essais et du control. Pour le traitement control, la présence d'un nombre assez élevé de microorganismes est due à la communauté bactérienne indigène du support qui s'annule après deux mois. Des résultats pareils pour les essais I et II ont montré le maintien de 8a3 même après 2 mois du stockage tandis que la concentration du sous produit employée dans l'essai III limite la conservation et la survie du rhizobium.

Tableau VII: Dénombrement du rhizobium dans différents essais d'enrobage avec la technique MPN

Essai	Temps	Nombre de colonies
EI	1 Mois	3×10^4
	2 Mois	1.2×10^4
EII	1 Mois	2×10^4
	2 Mois	1.4×10^4
EIII	1 Mois	15
	2 Mois	< 10
Control	1 Mois	2×10^4
(Graines + support)	2 Mois	0

Ces résultats montrent l'efficacité de ce déchet avec les conditions utilisées pour maintenir la survie de 8a3.

B.III.2. Infectivité et efficience des rhizobiums après stockage dans la poudre

Dix graines enrobées de chaque essai effectué sont cultivées pendant au moins deux mois dans des conditions d'humidité et de température approprié. Le nombre des nodules et celui des gousses ont été suivis pour tester le rôle du sous produit dans le maintien et la survie des souches de *R. gallicum* et le nombre de gousse déterminé traduit le rendement des cultures qui est due à l'effet de 8a3.

En variant la quantité du support et le volume de suspension bactérienne trois essais ont été effectués et à chaque fois la quantité du sous produit et le volume de la suspension employé ont été diminué. Le semis des graines a été fait après 10 jours et 1 mois d'enrobage.

Le but était d'étudier la survie de Rhizobium et la capacité de conserver leur potentiel symbiotique durant le stockage des graines enrobées par la souche et le sous produit. Le nombre des nodules de l'essai EI était important après la première récolte et il a légèrement diminué après un mois de conservation tandis qu'une chute a été observé au niveau des essais II et III (Figure 20).

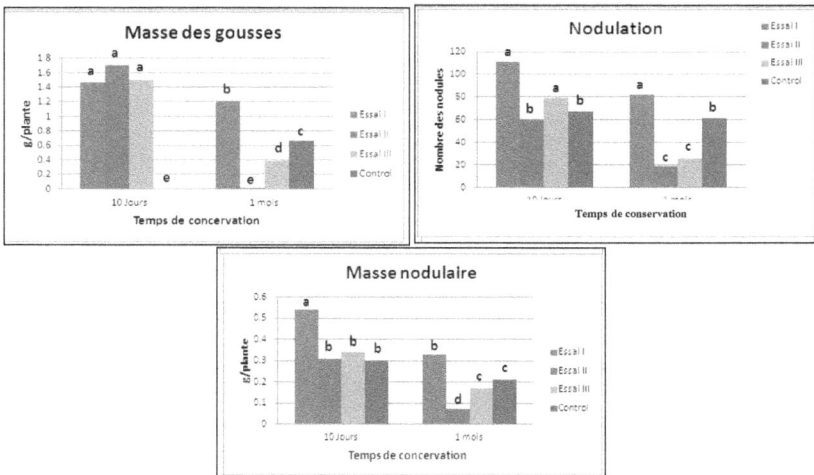

Figure 20: Exploitation quelques paramètres agronomiques de la culture d'haricot des différents essais pour deux temps de stockage

Le nombre des nodules a révélé la survie de la souche rhizobiènne après 10 jours de stockage qui est maintenu élevé dans les trois essais. Cependant il a diminué après un mois de conservation d'où il représente le 1/3 et le 1/6 de la récolte 1 dans les essais II et III respectivement. Les quantités employées dans l'essai EI sont les plus performantes par rapport aux autres essais. La masse nodulaire était proportionnel au nombre des nodules elle est plus importante dans l'essai I. Après 10 jours de conservation, la masse des gousses est importante dans les trois essais. L'essai II a montré la masse la plus importante qui s'annule après la deuxième récolte et une chute est observée au niveau de l'essai III ainsi qu'elle reste stable dans l'essai I. La masse des gousses dépend du nombre des nodules ce qui traduit l'effet de la quantité du sous produit et du volume de la suspension bactérienne employé sur la nodulation qui traduit à son rôle l'impact du rhizobium sur le rendement des cultures par la masse des gousses.

Discussion

Partie A : Etude de la diversité des microsymbiotes

L'inoculation des légumineuses doit mettre en évidence des souches efficientes capables de supporter le stress abiotique et biotique. Les problèmes de salinité du sol, les conditions de sécheresse ainsi que la déficience en éléments nécessaires pour la croissance végétale telle que le phosphate et le fer, peuvent être comblés par l'activité des souches inoculées.

Les isolats, isolés à partir des nodules de *Coronilla*, ont été soumis à plusieurs tests dans le but de valoriser les microsymbiotes, leurs réponses aux caractères phénotypiques permettent de sélectionner les plus performants ayant la capacité des PGPR. Pour étudier leurs classifications et identifications taxonomiques une large gamme de concentration de Na Cl et de PEG a été testée sur la collection isolée. Plus la concentration augmente plus le nombre d'isolats diminue. On a pu sélectionner un nombre important d'isolats capable de tolérer des fortes concentrations de NaCl (1000-1500 mM NaCl). L'efficience est indépendante de la performance de la symbiose d'où certaines souches de rhizobium peuvent tolérer des niveaux de salinité jusqu'à des concentrations de 1.88 M de NaCl accompagnée d'une inefficacité symbiotique (Zahran, 1999).

Avec des souches de rhizobium, il a été a rapporté des niveaux de tolérance au sel entre 170 à 850 mM NaCl (El Boutari, 2009).

Des souches de *lupin* ont été isolées qui peuvent tolérer jusqu'à 1190 mM NaCl (Raza *et coll*, 2001). Parallèlement à nos résultats, (Zahran *et coll*, 1994) ont rapporté des niveaux de tolérance chez des souches de lupin isolées d'Egypte pouvant tolérer jusqu'à 1700 mM NaCl. Les rhizobiums d'arbres légumineux sont supposés être plus tolérants à la salinité. Des souches nodulant *Acacia*, *Prosopis* et *Leucaena* se sont révélées tolérantes à 500 mM et à 850 mM NaCl (Lal et Khanna, 1995 ; Zerhari *et coll*, 2000).

Toutefois, un développement a une concentration saline de 850 mM et même plus a été rapporté pour différentes souches nodulantes des plantes annuelles cultivées ou fourragères au Maroc. (Maâtallah *et coll*, 2002) ont pu identifier des souches nodulantes le pois chiche qui tolèrent 850 mM NaCl.

Des rhizobiums nodulants le funegreck sont capables de croître à une concentration en NaCl aussi élevée que 2380 mM (14%) (Abdelmoumen *et coll*, 1999).

Les limites de tolérance à la salinité entre les rhizobiums peuvent varier considérablement d'une espèce à une autre (Elsheikh et Wood, 1989 ; Rai, 1983) et même entre les souches de la même espèce (Kassem *et coll*, 1985).

(Graham et Parker, 1964) ont montré que les souches à croissance rapide sont plus tolérantes à la salinité que les bradyrhizobiums. Des résultats similaires ont été également rapportés par plusieurs auteurs (Jordan, 1984 ; Elsheikh et Wood, 1989). Toutefois, des souches à croissance lente nodulantes le genre *Vigna* pouvant tolérer des concentrations élevées en NaCl de l'ordre de 4 % à 5,5 % ont été caractérisées par (Mpepereki *et coll*, 1997). Des études ont montré cependant que la tolérance au sel n'est pas corrélée avec le taux de croissance (Zerhari *et coll*, 2000) mais à d'autres mécanismes physiologiques et biochimiques (Botsford et Lewis, 1990 ; Brhada *et coll*, 1997 ; Gouffi *et coll*, 1999).

(Mpepereki *et coll*, 1997) ont rapporté que l'existence de souches tolérantes à la salinité dans les sites salins peut être une indication d'une adaptation au stress osmotique qui est dû à l'augmentation de la concentration d'ions et à la variation de l'humidité du sol durant les périodes sèches.

Contrairement au stress hydrique dont le spectre de tolérance était plus large que celui de salinité vue que la moitié des isolats supportent une concentration de PEG de 20% alors que seulement 4 souches ont supporté 1.5M de NaCl qui était la dose maximale tolérée par les isolats de pois chiche (Rai *et coll*, 2012). En outre, le stress salin est permanent aboutissant à la sélection des micro-organismes qui doivent s'adapter non seulement pour survivre mais également pour se reproduire. Tandis que le stress hydrique est d'une durée définie d'où les bactéries puissent persister pendant un intervalle de temps limité.

Pour le test CAS, l'isolat 22 a montré un halo important de couleur orange. Le changement du couleur du milieu CAS du bleu au orangé ou violet varie selon la structure du type de sidérophore secrété, les deux groupes du sidérophores responsables de la coloration sont des complexes de fer (III) hydroxamate et catechol. En cas de présence du complexe sidérophore en grande concentration, sa couleur peut interférer avec la couleur final du milieu CAS (Payne, 1994).

La capacité de solubiliser le phosphate et de le rendre disponible pour assurer la croissance de la plante est connue chez nombreuses bactéries (Antoun *et coll,* 1998). Dans notre travail, l'isolat 10 a montré une activité fixatrice de fer et productrice d'auxine importante. Parmi les genres les plus souvent isolés se retrouvent les rhizobiums (Johri *et coll,* 1999 ; Illmer *et coll,* 1994), ainsi que certaines souches de *Pseudomonas* et de *Bacillus* (Rodríguez et Fraga, 1999). Dans des travaux antérieur, certains chercheurs ont montré que plusieurs microorganismes sont incapables de produire des zones claires autour de leurs colonies mais ont la capacité de solubiliser le phosphate inorganique en milieu liquide (Gupta et *coll,* 1994 ; Nautiyal, 1999). De pareils résultats ont été évoqués par (Saidi *et coll,* 2013) sur le groupe *Agrobacterium/Rhizobium.*

Les isolats ont montré une forte capacité à produire les phytohormones d'où les valeurs basculent de 1 à 4 µg/ ml avec un maximum de 8.292 µg/ml. Tandis que les travaux réalisés par (Mzira *et coll,* 2007) ont montré un maximum de production d'auxine qui était de 0.240 µg/ml en le comparant avec l'Enterobacter de control qui a produit 0.985 µg/ml. Des travaux récents ont pu montrer qu'il n'existe pas de corrélation claire entre la capacité PGPR observé in vitro et la masse de la matière sèche de la plante (Saidi *et coll,* 2013). Selon leur résultats, ils ont pu conclure que les groupes bactériens, isolés à partir des nodules de la fève ont de faible production d'indole (< 10µg/ml) et n'ont pas un effet significatif sur la croissance de la plante.

Partie B : Valorisation d'un déchet industriel

B.I. Utilisation des boues comme milieu de culture pour les rhizobiums

Dans le but de faciliter l'inoculation des légumineuses et maintenir une concentration suffisante en cellules, on a évalué la capacité de rhizobium à croître dans un déchet industriel, trois souches à croissance rapide *(R. meliloti* et *R. gallicum* et *R. sullae)* ont été cultivées dans quatre milieux de concentration différente en sous produits.

La suivie de la cinétique de croissance bactérienne dans le milieu MSP sous les différentes concentrations montre un pic lors de la phase exponentielle de croissance de *R.sullae* dans la concentration 50g/l.

R.sullae s'adapte le plus au milieu MSP avec un taux de croissance le plus élevé. De plus, notre étude montre que 50g/l est la meilleure concentration pour supporter la multiplication de trois souches testées et qui leur confère le meilleur taux de croissance.

Les faibles μ dans les concentrations 10 et 30g/l peuvent être expliqué par deux points évoqués par (Ben Rebah, 2001) :

✓ possibilité de présence de composés toxiques comme les métaux lourds capable d'inhiber la croissance de rhizobium.
✓ les concentrations de Ca et Mg peuvent influencer la croissance des rhizobiums.

Le rapport Ca/Mg a aussi un effet sur la croissance. Selon (Vincent, 1962), les rhizobiums répondent différemment au rapport Ca/Mg ce qui explique la variabilité et la différence des réponses entre les différents rhizobiums et entre les milieux MSP et YEM. Ainsi ce rapport présente un impact sur la croissance des rhizobiums plus important que la quantité de Ca et Mg séparément (Vincent, 1962).

Il est généralement reconnu qu'à un rapport *C/N* élevé les bactéries utilisent l'azote disponible et cessent de croître ensuite et donc elles ont tendance à utiliser le carbone du milieu. La variabilité de ce rapport d'un milieu à un autre pourrait aussi influencer la croissance.

Par ailleurs, la nature et la composition des sous produits et, par conséquent, la disponibilité d'éléments nécessaires consommables par les bactéries influence leur croissance.

D'après les résultats de la cinétique bactérienne, ces rhizobiums ont trouvé les éléments nécessaires pour leur croissance. Le sous produit utilisé semble contenir tous les exigences nutritives pour soutenir leur croissance tels qu'une source d'azote, source de carbone, riche en matière organique et en éléments minéraux notamment le calcium, le phosphore, le magnésium, le manganèse et le potassium. Il est donc clair, que la composition des sous produits peut influencer la croissance, la survie des souches de rhizobium et probablement le processus de nodulation.

Ce sous produit a été testé également en tant que milieu de culture solide en utilisant la concentration 50g/l comme étape préliminaire. En comparant l'aspect des bactéries sur milieu MSP avec le milieu YEMA les colonies ont été bien individualisées et arrondis par rapport au milieu traditionnel avec sa texture muqueuse et mucilagineuse montrant des souches d'aspect élevé. De ce fait, le milieu MSP solide peut remplacer le milieu standard YEM pour la culture des rhizobiums et les milieux TY et LB respectivement pour la lyse bactérienne et l'extraction de l'ADN génomique.

B.II. Infectivité et efficience des rhizobiums après le stockage

L'objectif principal de cette partie expérimentale est d'étudier l'efficacité des inoculants à base de sous produit sur les cultures d'haricot. Des tests d'enrobage des graines homogènes d'haricot ont été réalisés dans le but d'assurer la survie et le maintien du *R.gallicum* dans le sous produit afin d'améliorer le rendement de cette légumineuse. Un dénombrement des colonies ainsi que le suivie du nombre de nodules et des gousses ont été effectué après 10 jours et un mois de date d'enrobage.

Par ailleurs, le nombre de colonies en UFC est supérieur au nombre minimal requis dans les inoculants commerciaux (10^3 cellules/graine) selon le programme d'inoculation canadien (Site 1).

L'évaluation de l'indice de nodulation et du nombre des gousses à la fin des expériences montre que la nodulation est efficace dans l'essai I. Cependant, le nombre de cellules le plus élevé est obtenu avec une concentration de 5 Kg/L pour 7.5 kg de graines a permis de maintenir une bonne viabilité de la souche 8a3 et ces résultats corroborent avec la nodulation et la masse en gousse de l'haricot après un mois de conservation des graines enrobées.

Conclusion & perspectives

La première partie est basée sur l'étude de la diversité des microsymbiotes de *Coronilla scporpoides*. Bien que cette légumineuse n'est plus cultivée en Tunisie ni bien documentée, les travaux réalisés ont pour but de discriminer la communauté bactérienne qui résident les nodules de *Coronilla* afin de les exploiter dans l'amélioration du rendement des cultures d'une part et d'établir la taxonomie bactérienne d'autre part.

La caractérisation phénotypique montre une immense diversité entre les isolats. Il existe des isolats hautement, moyennement tolérants et sensibles aux stress abiotiques tel que la salinité et la sécheresse. En se basant sur les caractéristiques de la tolérance au stress salin et hydrique, des cultures de *Coronilla* ont été inoculés par 12 isolats dont quelques isolats ont amélioré le rendement en biomasse végétale.

De plus, ces isolats répondent différemment aux tests CAS, test de solubilisation de phosphate et de production d'auxine. Le but était de sélectionner des souches efficientes pour stimuler le rendement de cette légumineuse et de découvrir de nouvelles souches de caractères PGPB qui présente un grand intérêt de point de vue agronomique et pédologique. Parmi les 33 isolats 9 ont été considérés comme des PGPB dont 5 ont été testé pour leur efficience. D'où l'idée est de tester le potentiel d'infectivité des 4 autres isolats sur des cultures de Coronilla. Les résultats attendus pourra orienter vers l'utilisation des souches efficientes particulièrement les isolats « 22, 25 et 27 » méritent d'être retenues pour d'autres essais d'inoculation sur terrain en tant que biofertilisants répondant aux nécessité des agriculteurs.

Tous les critères de sélection des souches efficientes ont donné une importante diversité phénotypique des isolats au point qu'aucun groupe n'a été identifié à une homologie de 100%. Ces différents résultats ouvrent d'intéressantes perspectives pour le recours à l'approche moléculaire dans la caractérisation génétique des isolats d'intérêt permettant de déterminer le statut taxonomique des isolats et des symbiotes (non documenté) de *Coronilla scorpoides* par des outils moléculaire notamment le séquençage du gène de l'ADN r 16S ou l'hybridation ADN/ADN pour préciser si ces isolats forment une nouvelle espèce parmi les rhizobiums ou un autre genre des protéobactéries.

La deuxième partie consiste à utiliser un déchet industriel d'origine agroalimentaire comme un nouveau milieu pour la croissance des rhizobiums qui pourra réduire les coûts élevés du milieu synthétique d'une part et minimiser les effets néfastes de la pollution sur l'environnement d'autre part. D'après les résultats obtenus les souches ont été capables de croitre dans le sous produit. Ce dernier a donc tous les éléments nécessaires utilisés pour la croissance bactérienne telle que le carbone, l'azote et les sels minéraux.

La gamme de concentration du milieu MSP effectuée avec trois rhizobiums à croissance rapide a montré des taux de croissance différents en comparant avec le milieu YEM. La concentration 50g/l a donné les meilleurs taux de croissance sur milieu MS liquide et des colonies d'aspect bien individualisé sur milieu solide. Cette différence peut s'expliquer par la composition du sous produit, la forme que présentent les éléments nutritifs dans chaque concentration du milieu et la physiologie des souches utilisées. La concentration des solides en suspension affecte donc le rendement en cellules ainsi que le temps de génération. Ceci ouvre la porte pour tester des rhizobiums à croissance lente et d'essayer d'autres concentrations de sous produit.

Après culture des graines enrobées avec le sous produit et la souche de *R.gallicum*, ce dernier a conservé la capacité de nodulation et parmi les essais réalisés la concentration 5 kg/l a donné de meilleurs résultats. Bien que l'efficacité symbiotique dans le sous produit a été testé dans des pots ceci peut être réalisé sur le terrain pour mieux évaluer la résistance des souches face aux stress abiotique.

Références bibliographiques

Abdelmoumen H, Filali-Maltouf A, Neyra M, Belabed A, EL Idrissi MM, Effect of high salt concentrations on the growth of rhizobia and responses to added osmotic. J Appl Microbiol 1999; 86:886-898.

Adriane M F, Angela M, Diovana N, Methods Detection of Siderophore Production from Several Fungi and Bacteria by a Modification of Chrome Azurol S (CAS) Agar Plate Assay. Journal of Microbiological Methods 1999;37:1–6.

Aguirreolea J et Sanchez-Dyaz M, CO_2 evolution by nodulated roots in Medicago sativa L. under water stress. J Plant Physiol 1989; 134: 598-602.

Ahmad I, Pichtel J, Hayat S, eds. Plant-bacteria interactions: strategies and techniques to promote plant growth. Weinheim: WILEY-VCH Verlag Gmbh and Co. KGaA; 2008 pp 257-281.

Amarger N. Rhizobia in the field. Advanced in Agronomy, éd. Edit par D. L. Sparks. Newark, Delaware, 2001(73): 109-168.

Antoun H, Beauchamp CL, Goussard N, Chabot R, Roger L, Potential of *Rhizobium* and *Bradyrhizobium* species as plant growth promoting rhizobacteria on non-legumes: Effect on radishes (*Raphanus sativua L.*). Plant Soil 1998; 204:57-67.

Aouani EM. Contribution à l'étude de la symbiose *Rhizobium-Légumineuse*. Thèse en doctorat à Tunis, 1990.

Arias A et Martinez-Drets G, Glycerol metabolism in *Rhizobium*. Canadian Journal of Microbiology 1976; 22: 150–153.

Ben Rebah F, Prévost D, Yezza A , Tyagi RD, Agro-Industrial Waste Materials and Wastewater Sludge for Rhizobial Inoculant Production. Bioresource technology 2007; 98: 3535–3546.

Ben Rebah Faouzi. Utilisation des boues d'épuration comme milieu de culture pour la production d'inoculants à base de *Rhizobium*, éd. Québec, 2001.

Ben Romdhane S, Trabelsi D, Aouani ME, De Lajudie P, Mhamdi R, The diversity of rhizobia nodulating chickpea (*Cicer arietinum*) under water deficiency as a source of more efficient inoculants. Soil Biol Biochem 2009; 41: 2568-2572.

Beringer JE, Bisseling TA, La Rue TA. Improving symbiotic nitrogen fixation through the genetic manipulation of *Rhizobium* and legume host plants. In: Summerfield RJ, eds. World Crops: Cool Season Food Legumes. Dordrecht: Kluwer Academic Press; 1988. p. 691-702.

Bordeleau LM et Prevost D, Nodulation and nitrogen fixation in extreme environments. Plant Soil 1994; 161: 115-124.

Botsford L et Lewis T, Osmoregulation in *Rhizobium meliloti* production of glutamic acid in response to osmotic stress. Appl Env Microbiol *1990;* 56: 488-494.

Breedveld MW, Dijikema C, Zevenhuizen LPTM, Zehender AJB, Response of intracellular carbohydrates to a NaCl shock in *Rhizobium leguminosarum* biovar *trifolii* TA-1 and *Rhizobium meliloti* SU-47. J Gen Microbiol 1993; 139: 3157-3163.

Brhada FMCP et Le Rudulier D, Choline and Glycine betaine uptake in various strains of Rhizobia isolated from nodules of *Vicia faba* var. *major* and *Cicer arietinum* L.: Modulation by salt, choline and glycine betaine. Current Microbiol 1997; 34: 167- 172.

Burton JC. Rhizobium species. In: Peppler HJ, eds. Microbial Technology. Academic Press, Inc;1979. p. 29-58.

Collavino M, Ricillo PM, Grasso DH, Crespi M, Aguilar OM, *GuaB* activity is required in *Rhizobium tropici* during the early stages of nodulation of determinate nodules but is disponsable for the *Sinorhizobium melliloti*-Alfalfa symbiotic interaction. Mol Plant Microbe Interact 2005; 18: 742-750.

Corbière HLF. The importance of sucrose synthase for AM symbiosis in maize, in pea and in Medicago, éd. Thèse de doctorat à Andriankaja, 2002.

Cordovilla MP, Ligero F, Lluch C, The effect of salinity on N fixation and assimilation in *Vicia faba*. J Exp Bot 1994; 45: 1483-1488.

Crowley M, Sasseville JL, Couillard D, L'importance accordée à l'évaluation technologique dans l'assainissement des eaux usées municipales au Quebec. Revue internationale des Sciences de l'Eau 1986; 2(2): 49-57.

Dardanelli M, Angelini J, Fabra A, A calcium-dependent bacterial surface protein is involved in the attachment of rhizobial to peanut roots. Canadian journal of microbiology 2003; 49: 399-405.

Dart PJ. Legume root nodule initiation and development. In: Torrey JG and Clarkson DT, eds. The development and function of roots. United Kingdom, London: Academic Press; 1975. p. 467-506.

Dazzo FB et Truchet GL. Attachment of nitrogen fixing bacteria to roots of host plants. In: Subba Roa NS, eds. Current developments in Biological Nitrogen Fixation. London: Edward Arnold Publishers; 1884. P. 65-99

Deakin WJ et Broughton WJ, Opinion: symbiotic use of pathogenic strategies: rhizobial protein secretion systems. Nat Rev Microbiol 2009 ; 7: 312-320.

Denarié et Truchet. Physiologie Végétale, éd. 1979 ;17 (4): 643-667.

Denarié J, Dedellé F, Rosenberg C, Signalling and host range variation in nodulation. Ann Rev Microbiol 1992; 46: 497-531.

Denton MD, Pearce DJ, Ballard RA, Hannah MC, Mutch LA, Norng S, Slattery JF, A multi-site field evaluation of granular inoculants for legume nodulation. Soil Biol Biochem 2009; 41: 2508-2516.

Doyle JJ, Luckow MA (2003), The rest of the iceberg: Legume diversity and evolution in a Phylogenetic context. Plant Physiol 2003; 131: 900-910.

Egamberdiyeva D, Isalm KR. Salt-tolerant Rhizobacteria: plant growth promoting traits and physiological characterization within ecologically stressed environments. In: Ahmad I, Pichtel J, Hayat S, eds. Plant-Bacteria Interactions: Strategies and Techniques to Promote Plant Growth, WILEY-VCH Verlag Gm bh: Weinheim& Co.KG aA; 2008. p.257-281

El Boutari N. Etude phénotypique et génotypique d'une collection de *Sinorhizobium meliloti* et de *Rhizobium sullae,* éd. Thèse de doctorat à Université Mohammed V- Agdal, Faculté des Sciences, Rabat, 2009.

El Sheikh EA et Wood M, Response of chickpea and soybean rhizobia to salt: influence of carbon source, temperature and pH. Soil Biol Bjochem 1989; 21: 883-887.

Figueiredo MVB, Burity CR, Martýnez, Chanway CP, Alleviation of drought stress in the common bean (*Phaseolus vulgaris L.*) by co-inoculation with *Paenibacillus polymyxa* and *Rhizobium tropici.* Applied Soil Ecology 2008; 40:182 -188.

Fitouri SD. Diversité phénotypique et moléculaire des microsymbiotes du *Sulla* du nord *(Hedysarum Coronarium L.)* et séléction de souches rhizobiales efficientes. Thèse de doctorat à l'Insitut National Agronomique de Tunisie (INAT), 2011.

Frédéric Z. Divérsité des bactéries hôtes d légumineuses méditérranéennes en Tunisie et au Liban. Thèse de doctorat à l'université de Montpellier II, 2004.

Gage D et Margolin W, Hanging by a thread: invasion of legume plants by Rhizobia. Current Opinion in Microbiology 2000; 3(6): 613-7.

Gage DJ, Infection and invasion of roots by symbiotic, nitrogen-fixing rhizobial during nodulation of temperate legumes. Microbiol Mol Biol Rev. 2004; 68(2): 280-300.

Gouffi K, Pica N, Pichereau V, Blanco C, Disaccharides as a new class of non accumulating osmoprotectants for *Sinorhisobium meliloti.* Appl Environ Microbiol 1999; 65: 1491-1500.

Graham PH et Parker CA, Diagnostic features in characterization of the root-nodule bacteria of legumes. Plant and Soil 1964; 3: 383-396.

Graham PH et Vance CP, Legumes: Importance and Constraints to Greater Use Peter. Plant Physiology 2003; 131: 872–77.

Gulati SL, New nonsynthetic medium for Rhizobium culture production from wastes. Biotechnology and Bioengineering 1979; 21: 1507– 1515.

Gupta R, Singal R, Shankar A, Kuhad RC, Saxena RK, A modified plate essay for screening phosphate solubilizing microorganisms. J Gen Appl Microbiol 1994; 40: 255 - 260.

Hirsch AM, Lum MR, Downie JA, What makes the rhizobial-legume symbiosis so special? Plant Phisiol 2001; 127: 1484- 1492.

Illmer P, Barbato A, Schinner F, Solubilization of hardly-soluble AlPO4 with P-solubilizing microorganisms. Soil Biol Biochem 1994; 27 (3): 265-270.

Jian W, Susheng Y, Jilun L, Studies on the salt tolerance of *Rhizobium meliloti.* Acta Microbiol Sin 1993; 33:260–267.

Johri JK, Surange S, Nautiyal CS, Occurrence of salt, pH, and temperature-tolerant, phosphate solubilizing bacteria in alkaline soils. Current Microbiology 1999; 39: 89 - 93.

Jones AM, Lindow SE, Wildermuth MC, Salicylic acid, yersiniabactin, and pyoverdin production by the model phytopathogen *Pseudomonas syringae pv. tomato* DC3000: Synthesis, regulation, and impact on tomato and Arabidopsis host plants. J Bacteriol 2007; 189: 6773–6786.

Jordan DC. Rhizobiaceae. In: Kreig NR, eds. Bergey's manuel of systematic Bacteriology. 1984. p. 234-256.

Kassem M, Capellano A, Gounot AM, Effets du chlorure de sodium sur la croissance in vitro, l'infectivité et l'efficience de *Rhizobium meliloti.* MIRCEN Journal 1985 ; 1: 63-65.

Khan MS, Zaidi A, Wani PA, Ahemad M, Oves M. Functional diversity among plant growth-promoting rhizobacteria: current status. In: Khan MS, Zaidi A, Musarrat J, eds. Microbial strategies for crop improvement. Germany: Springer; 2009. p. 105-132.

Kijne JW. The rhizobium infection process. In: Stacey G et Burris RH, eds. Biological Nitrogen Fixation. New York; 1992. P. 349-398.

Kinkema M, Scott PT, Gresshoff M, Legume nodulation: successful symbiosis through short and long distance signaling. Func Plant Biol 2006; 33:707-721.

Klimek S, Richter G, Kemmermann A, Hofmann M, Isselstein J, Plant species richness and composition in managed grasslands: The relative importance of field management and environmental factors. Biological Conservation 2007; 134(4): 559-570.

Laguerre G, Allard MR, Revoy F, Amarger N, Rapid identification of rhizobia by restriction fragment length polymorphism analysis of PCR-amplified 16S rRNA genes. Appl Environ Microbiol1994;60:56-63.

Lal B, Khanna S, Selection of salt tolerant Rhizobium isolates of Acacia nilotica. World J Microbiol Biotechnol 1995; 10:637–639.

Larpent JP, Larpent MG. Manuel pratique de Microbiologe, éd. Collection Hermann. Paris, France, 1985.

Lindström K, Terefework Z, Suominen L, et Lortet G. Signalling and development of Rhizobium-legume symbiosis. In: Biology and Environment: Royal I rish Academy, 2002; 102 (1): 61-64.

Lohar D, Stiller J, Kam J, Stacey G, Gresshoff PM, Ethylene insensitivity conferred by a mutated Arabiodopsis ethylene receptor gene alters nodulation in transgenic lotus japonicas. Ann Bot 2009; 104: 277-285.

Maâtalah J, Berraho E, Sanjuan J, Lluch C, Phenotypic characterization of rhizobia isolated from chickpea (*Cicer arietinum*) growing in Moroccan soils. Agronomie 2002; 22(3): 321-329.

Maidak BL, Larsen N, McCaughey MJ, Overbeek R, Olsen GJ, Fogel K, Blandy J, Woese CR, The Ribosomal Database Project. Nucleic Acids Research 1994; 22: 3485-3487.

Marie C, Broughton WJ, Deakin WJ, *Rhizobium* type III secretion systems: legume charmers or alarmers? Curr Opin Plant Biol 2001; 4: 336-342.

Mnasri B, Mrabet M, Laguerre G, Aouani ME, Mhamdi R, Salt-tolerant rhizobia isolated from a Tunisian oasis that are highly effective for symbiotic N_2-fixation with Phaseolus vulgaris constitute a novel biovar (bv. mediterranense) of *Sinorhizobium meliloti*. Arch Microbio 2007; 187(1):79-85.

Mpepereki S, Makonese F, Wollum AG, Physiological characterization of indigenous rhizobia nodulation *Vigna unguiculata* in Zimbabwean soils. Symbiosis 1997; 22. 275-292.

Munns DN. Soil acidity and related factors. In: Vincent JM, Whitney AS, Bose J, eds. 1977. p. 211-236.

Mzira BS, Mzira MS, Bano, Malik A, Coinoculation of chikpea with rhizobium isolates from roots and nodules and phytohormone-producing Enterobacter strains. Australian Journal of Experimental Agriculture 2007; 47: 1008-1015.

Nautiyal CS, An Efficient Microbiological Growth Medium for Screening Phosphate Solubilizing Microorganisms. FEMS microbiology letters 1999; 170: 265–70.

Newcomb W, Sippell D, Peterson RL, The early morphogenesis of *Glycine max* and *pisum sativum* root nodules. Can J Bot 1979; 57: 2603-2616.

Noel KD. Bacteria Rhizobia. Encyclopedia of microbiology, Schaechter M.2009.

O'Hara G, Hartzook A, Bell RW, Loneragan JF, Response to Bradyrhizobium strain of peanut cultivars grown under iron stress. Journal of Nutrition 1988; 11: 843-852.

Patriarca EJ, Tate R, Ferraioli S, Iaccarino M, Organogenesis of legume root nodules. Int Rev Cytol 2004; 234: 201-62.

Payne SM, Detection, isolation, and characterization of siderophores. Methods Enzymol 1994 ; 235: 329–344.

Pelmont J, Bacteries et environnement: Adaptation physiologique. Office des Publications Universitaires 1995; 2: 541-572.

Perry JJ, Stalex JT, Lory S. Microbiologie cours et questions de révision, éd. Dunod, Paris, 2004.

Philips DA, Maxwell CA, Joseph CM, Hartwigh UA, Flavonoid nodulation signals in alfalfa. In Nitrogen fixation: hundred years after. 1988, New York: Gustav Fischer Stuttgart; 1988. p .411-415

Pueppke SG et Broughton WJ, *Rhizobium sp.* strains NGR234 and *R. fredii* USDA257 share exceptionally broad, nested host range. Mol Plant Microbe Interact 1999; 12(4):293-318.

Quispel A. The Biology of Nitrogen Fixation, eds. Amsterdam, New York North-Holland Publish- ing Company, Oxford Am. Elsevier Pub Corp Inc; 1994.

Rai R, Prasanta K Dash, Trilochan M, Aqbal S, Phenotypic and Molecular Characterization of Indigenous Rhizobia Nodulating Chickpea in India. Indian journal of experimental biology 2012; 50: 340–350.

Rai R. The salt tolerance of *Rhizobium* strains and lentil genotypes and the effect of salinity on the aspects of symbiotic N-fixation. J Agric Sci 1983; 100: 81-86.

Rasanen L. Biotic and abiotic factors influencing the development of N2-fixing symbioses between rhizobia and the woody legumes *Acacia.* Thèse de doctorat à l'université de Helsinki. Finlan Oldroyd; 2002. 220p.

Raven PH, Evert RF, Eichlorn SE, Biologie végétale. 6ème Edition de boeck. Paris, 2000.

Raza S, Jornsgard B, Abou-Taleb H, Christiansen JL, Tolerance of *Bradyrhizobium* sp. (*Lupini*) strains to salinity, pH, $CaCO_3$ and antibiotics. Letters in Applied Microbiology 2001; 32: 379-383.

Rodriguez H and Fraga R, Phosphate solubilizing bacteria and their role in plant growth promotion. Biotechnol Adv 1999; 17 (4-5): 319–339.

Saadallah K, Drevon JJ, Abdelly C, Nodulation et croissance nodulaire chez le haricot (*Phaseolus vulgaris*) sous contrainte saline. Agronomie 2001; 21 : 627-634.

Sadowsky MJ. Soil stress factors influencing symbiotic nitrogen fixation. In: Werner D, Newton WE, eds. Nitrogen fixation in agriculture, forestry, ecology, and the environment. The Netherlands: Springer; 2005. p. 89-112.

Saïdi S ,Chebil S, Gtari M, Mhamdi R, Characterization of Root-Nodule Bacteria Isolated from Vicia Faba and Selection of Plant Growth Promoting Isolates. World journal of microbiology& biotechnology 2013; 29: 1099–1106 .

Simms EL, Taylor DL, Partner Choice in Nitrogen-Fixation Mutualisms of Legumes, and Rhizobial. Comp Biol 2002; 42: 369-380.

Singleton PW, El Swaify SA, Bohlool BB, Effect of salinity on *Rhizobium* growth and survival. Appl Environ Microbiol 1982; 44: 884-890.

Somasegaran P, Hoben HJ. Methods in legumes-*Rhizobium* technology. University of Hawaii NifTAL Project and MIRCEN,1985.

Sprent JI. Effects of drought and salinity on heterotrophic nitrogen-fixing bacteria and on infection of legumes by rhizobia ». In: Veeger C, Newton WE, eds. Advances in Nitrogen Fixation Research. The Hague: Martinus Nijhoff/Dr.W. Junk; 1984. p. 295-302

Szabolcs I, Agronomical and ecological impact of irrigation on soil and water salinity. Adv Soil Sci 1986; 4: 189-218.

Tak T, Van Spronsen PC, Kijne JW, Van Brussel AAN, Kees Boot JM, Accumulation of lipochitin oligosaccharides and NodD-activating compounds in an efficient plantRhizobium nodulation assay. Mol Plant Interac 2004 ; 17: 816-823.

Tibaoui G, Zouaghi M. Role de l'inoculation dans l'amélioration des rendements des légumineuses fourragères dans la région de Mateur. Revue de l'I.N.A.T, 1989; 4 : 2.

Trabelsi D, Mengoni A, Aouani ME, Mhamdi R, Bazzicalupo M, Genetic diversity and salt tolerance of bacterial communities from two Tunisian soils. Annals of Microbiology 2009; 59: 1-8

Vadez V, Rodier F, Payre H, Drevon JJ, Nodule permeability to O_2 and nitrogenase-linked respiration in bean genotypes varing in the tolerance of N_2 fixation to P deficiency. Plant Physiol Biochem 1996; 34: 871-878.

Van de Wiel C, Scheres B, Franssen H, Van Lierop MJ, Van Kammen A, Bisseling T, The early nodulin transcript ENOD2 is located in the nodule parenchyma (inter cortex) of pea and soybean nodules. EMBO Journal1990; 9:1-7.

Velazquez E, Garcia-FraileP, Ramırez-Bahena MH, Rivas R, Martınez-Molina E, Vincent JM, Influence of calcium and magnesium on the growth of Rhizobium. Journal of General Microbiology 2010; 28: 653–663.

Vincent JM, Influence of calcium and magnesium on the growth of *Rhizobium*. Journal of General Microbiology 1962; 28, 653–663.

Vincent JM. A manual for the practical study of root nodule bacteria. IBP handboock 15. Blackwell, Oxford; 1970. 164p

Vincent YH. Nitrogen fixation in legumes. Academic / Res. Australia, eds. 1982. p. 1-11.

Willems A, Collins MD, Phylogenetic analysis of rhizobia and agrobacteria based on 16S rRNA gene sequences. Int J Syst Bacteriol 1993; 43: 305-313.

Young JPW, Hukka KE, Diversity and phylogenie of rhizobia. New Phytol 1996 ; 133:87-94.

Zablotowicz RM, Focht DD, Physiological characteristics of cowpea rhizobial evaluation of symbiotic efficiency in Vigna unguiculata. Appl Environ Microbiol 1981; 41: 679-685.

Zahran HH, Sprent JI, Effet of sodium chloride and poluethylene glycol on rhizobial root hair infection, root nodule structure and symbiotic nitrogen fixation in *Vicia faba L.* plants by *Rhizobium leguminosarum.* Ph.D.thesis. Dundee, Scotland: Dundee University. Planta 1986; 167: 303-309.

Zahran HH, Conditions for successful *Rhizobium*-legume symbiosis in saline environments. Biol Fertil Soils 1991; 12: 73-80.

Zahran HH, Rasanen LA, Karsisto M, Lindström K, Alteration of lipopolysaccharide and protein profiles in SDS-PAGE of rhizobia by osmotic and heatstress. World J Microbiol Biotechnol 1994; 10: 100-105.

Zahran HH, *Rhizobium*-Legume Symbiosis and Nitrogen Fixation under Severe Conditions and in an Arid Climate. Microbiol. Mol. Biol. Rev 1999; 63, 968-989.

Zahran HH, Rhizobia from wild legumes: diversity, taxonomy, ecology, nitrogen fixation and biotechnology. J Biotechnol 2001; 91(2-3): 143-153.

Zerhari K, Aurag J, Khbaya B, Kharchaf D, Filali-Maltouf A, Phenotypic characteristics of rhizobia isolates nodulating Acacia species in the arid and Saharan regions of Morocco. Lett Appl Microbiol 2000; 30: 351–357.

Zoghlami A et Zouaghi M, Morphological Variation in *Astragalus Hamosus L* . and *Coronilla Scorpioides L* . Populations of Tunisia. Euphytica 2003;134: 137–47.

Zoghlami KA, Hassen H, Benyoussef S, Germination of *Astragalus hamosus L. and Coronilla scorpioides (L.)* as influenced by temperature. Pakistan Journal of Biological Sciences 2011 ; 14 (12) : 693-697.

Webographie

Site 1: CFIA (Canadian Food Inspection Agency). Canada Legume Inoculant and Pre-Inoculated Seed Products. Annual report. Agriculture and Agri-Food Canada, 1997:28pp

Site 2: FAO. Programme de coopération technique. Programme de développement des productions fourragères et de l'élevage. Rapport de synthèse.1988, 45p .

Site 3 : www.tela-botanica.org

Résumé

Coronilla scorpoides est une plante spontanée trouvée dans le sud de la Tunisie mais elle n'est pas bien documentée. Les travaux réalisés sont portés sur l'étude de la diversité phénotypique des isolats de *Coronilla* afin de caractériser les microsymbiotes et de sélectionner de nouvelles souches efficientes d'intérêt agronomique. Une grande diversité phénotypique a été signalée permettant de définir des isolats hautement, moyennement tolérants et sensibles à la salinité et à la dessiccation. L'inoculation par quelques isolats a amélioré la biomasse végétale. D'autres ont montré une activité intense de fixation de fer, de production d'auxine et de solubilisation de phosphate comme les isolats 22, 27 et 10 et se sont considérés comme des PGPR.

La deuxième partie consiste à exploiter un déchet industriel dans la production d'un nouveau milieu pour la croissance des rhizobiums dont l'objectif principal était de réduire les couts élevés de l'utilisation du milieu synthétique d'une part et de minimiser la pollution du rejet d'autre part. Parmi les différentes concentrations essayées, la concentration 50g/l du sous produit était la meilleure pour la croissance des rhizobiums en milieu liquide et solide dont *R.sullae* avait un taux de croissance important. Concernant l'inoculation par adhésion des graines, la concentration 5 kg/L pour 7.5 kg de graines a donné la meilleur infectivité et viabilité du rhizobium inoculé après 1 mois de conservation des graines enrobées inoculées.

Abstract

Coronilla scorpoides is a spontaneous plant in Tunisia (south) but it is not well documented. The work carried out is based on the study of the phenotypic diversity of Coronilla isolates to characterize microsymbiots and select new efficient strains of agronomic interest. A large phenotypic diversity was reported to define highly, moderately tolerant and sensitive isolates to salinity and desiccation. Inoculation of some isolates enhanced plant biomass. Others have shown intense iron binding activity, auxin production and solubilizing phosphate such as isolates 22, 27 and 10 and are considered PGPB.

The second part involves exploiting an industrial waste in the production of new medium for the growth of rhizobia whose main objective was to reduce the high costs of using the synthetic medium on the one hand and minimize pollution of rejection on the other hand. Among the different concentrations, the concentration 50g / l of by-product was the best for the growth of rhizobia in liquid and solid medium which *R.sullae* had a high rate of growth. Regarding the adhesion of the seed inoculation, the concentration 5 kg / L to 0.75 kg of the seeds gave better viability and infectivity of the rhizobia inoculated after storage for 1 month of the coated seeds inoculated.

التلخيص

Coronilla scorpoides هي نبتة تلقائية متواجدة في تونس وخاصةً في الجنوب لكن لم يتم توثيقها جيداً. الأشغال التي تم انجازها اهتمت بالاختلافات المظهرية لعزلات كورونيلا وذلك لتشخيص الكائنات الدقيقة التكافلية و اختيار سلالةٍ جديدة وفعالة في المجال الفلاحي . تم تسجيل تنوع مظهري كبير مما سمح بتمييز عزلات شديدة, متوسطة أو عديمة التسامح للملوحة والجفاف.

تلقيح بعض العزلات ساهم في تعزيز الكتلة الحيوية النباتية و قد اظهرت عزلات أخرى نشاطاً حاداً في تثبيت الحديد, في إنتاج الأكسين وإنحلال الفسفاط مثل العزلات إثنان وعشرون, سبعة وعشرون وعشرة و تعتبر بكتيريا معززة لنمو النبات.

الجزء الثاني هو لاستثمار النفايات الصناعية في إنتاج أوساط جديدة لنمو الريزوبيا وذلك بهدف تخفيض الكلفة المرتفعة للأوساط الاصطناعية من ناحية وتخفيض التلوث من ناحية أخرى. من التركيزات المختلفة التي تم استعمالها كان تركيز 50 غرام / لتر الأفضل لنمو الريزوبيا في الأوساط السائلة والصلبة. *R.sullae* كان له نسبة عالية من النمو. وفيما يتعلق بالتلقيح عبر التصاق البذور, تركيز 5 غ / لتر إلى 0.75 كغ من البذور قدم أفضل البقاء والعدوى للريزوبيا الملقحة بعد تخزين لمدة شهر.

ANNEXE 1: Milieux de culture pour les bactéries

YEM:

K2HPO4	0.5 g/L
Mg SO4 7H2O	0.2 g/L
NaCl	0.1 g/L
Extrait de levure	0.6 g/L
Mannitol	10 g/L

YEMA RC:

Milieu YEM + 15 g/L Agar + 0.025g/L Rouge Congo (le rôle est de neutraliser les actinomycètes et de déceler certains contaminants qui absorbent le colorant).

LB :

Tryptone : 10g/l

Extrait de levure : 5g/l

NaCl: 10g/l

Agar: 15g/l

ANNEXE 2 : Gamme étalon AIA

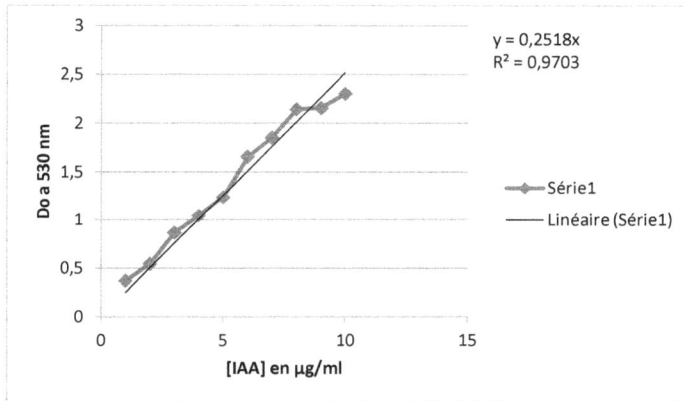

ANNEXE 3 : Marqueurs de poids moléculaire

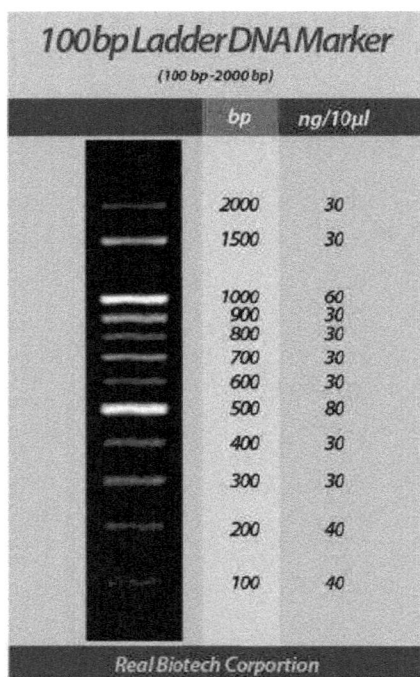